机械
润滑故障
与油液分析

上

刘峰璧　任和　著

华南理工大学出版社
SOUTH CHINA UNIVERSITY OF TECHNOLOGY PRESS
·广州·

内容简介

本书围绕与润滑有关的机械故障的监测，结合大量实例，介绍了机械失效模式及其影响和危害性分析方法；常用机械零件和系统的构造特点、润滑方法、故障形成和失效特征；润滑剂的组成、性能、试验方法；润滑剂的失效及维护。主要供从事机械设备管理、维修以及磨损和润滑状态监测的人员阅读，也可供从事机械设计和使用的人员使用，或作为有关行业技术培训之用。

图书在版编目（CIP）数据

机械润滑故障与油液分析. 上／刘峰璧，任和著. —广州：华南理工大学出版社，2019.2

ISBN 978-7-5623-5917-3

Ⅰ. ①机… Ⅱ. ①刘… ②任… Ⅲ. ①机械设备-润滑管理 ②机械采油 Ⅳ. ①TH117.2 ②TE355.5

中国版本图书馆CIP数据核字（2019）第025997号

Jixie Runhua Guzhang Yu Youyue Fenxi·Shang

机械润滑故障与油液分析. 上

刘峰璧 任和 著

出 版 人：卢家明

出版发行：华南理工大学出版社

（广州五山华南理工大学17号楼，邮编510640）

http：//www.scutpress.com.cn E-mail：scutc13@scut.edu.cn

营销部电话：020-87113487 87111048（传真）

策划编辑：吴兆强

责任编辑：吴兆强

印 刷 者：虎彩印艺股份有限公司

开 本：787mm×1092mm 1/16 印张：13.5 字数：296千

版 次：2019年2月第1版 2019年2月第1次印刷

定 价：42.00元

版权所有 盗版必究 印装差错 负责调换

前言
PREFACE

在过去的几十年里，设备维护和监测技术取得了极大发展。视情维修（CBM）和以可靠性为中心的维修（RCM）日益成为使设备使用效益最大化的得力工具。在解决设备"什么时候维修和维修什么"的问题时，设备维护人员也越来越多地开始运用状态监测数据进行决策。

机械设备润滑是决定设备寿命、性能和使用成本的关键。本书围绕机械设备的合理润滑及润滑状态监测，结合大量实例，阐述了常见机械零件及系统的构造、特点、故障形成及失效模式和特征；润滑剂的组成、特性及其常用试验方法；润滑剂的失效、影响和日常维护。此外，鉴于失效模式以及其影响和危害分析（FMECA）在故障根源分析和监测方法选择方面的重要性，本书通过实例简要介绍了FMECA在润滑状态监测或油液分析中的应用。

本书在完成过程中得到胡青青、沈自林、张丽燕和吕梅香等老师的帮助，在此表示感谢。

由于本人水平有限，书中错误在所难免，敬请读者批评指正。联系邮箱：fengbi.liu@163.com。

著　者

2018年12月

佛山科学技术学院广东省机器油液监测与
分析工程技术中心配套经费资助

目 录
CONTENTS

1

绪 论

设备正常运行离不开可靠的润滑，它需要设备管理者具备各种设备润滑状态和性能的最新知识。近年来，在进行设备维修决策时，维修人员已经越来越多地应用有关油液化学、污染物和金属磨粒等方面的知识及其他运行数据决定进行什么维修和什么时候进行。因此，机器油液分析已成为视情维修（CBM）和以可靠性为中心的维修（RCM）中至关重要的组成部分。为了使对所有潜在故障的预测/诊断都有持续的可靠性，油液监测必须和其他监测技术配合使用。

机械油液分析的主要功能是向设备管理者及时提供可靠的油液和机器信息。这些信息有可能用于推迟某个具体的计划维修项目，或者推迟对某个异常状态的检查。但实际上，要做到这一点比较难（图1.1）。最为关键和常被忽略的原因是对以下三方面缺乏了解：

（a）设备和油液失效的机理；

（b）主要和次要失效模式的征兆；

（c）与具体失效模式相关的状态指标。

图1.1 毁坏的滚动轴承

油液分析的经济效益主要来源于以下几个主要方面：早期发现问题；可靠的征兆溯源；及时对机器维修或对润滑剂进行干预；推迟不必要的维修计划。实施合理的油液监测计划将减少次生损坏、增加零件的预期寿命、降低维护成本并增加有效工作时间。在美国，根据对铁路部门、军队的调查和凯特皮勒公司的统计，在状态监测上每投入1美元可以使维修费用节约8~10美元。

为了对油液分析的效益和过程有一个更好的理解，有必要简要回顾一下机械润滑，油液的功能、试验和数据表达等。一个好的油液分析计划必须融入或者成为设备润滑规划的一部分。润滑过程，如润滑剂的选择、购买、存储、分配、加注和废弃等都可能对油液分析产生积极或消极的影响。为了使油液分析的效益最大化，就必须对这些消极影响有所了解，并试图予以消除。

此后的章节将讨论如何从机器油液分析中获得最大的经济效益，具体涉及：

（a）哪些机器适合于进行油液监测；

（b）与油液相关的失效模式；

（c）哪种油液监测方案最合适；

（d）对油液采样监测还是采用在线传感器；

（e）采样的方法、时机和位置；

（f）采用何种试验方法；

（g）如何表达从传感器和仪器获得的数据；

（h）如何实施、完成和修正油液监测方案。

1.1 概述

油液从进入运行着的机器的那一刻起，就开始发生降解，并受到金属磨粒、氧化物和外部物质，如水、燃油、灰尘和（或）工艺过程材料等的污染。油液高度降解或污染通常预示着机械或润滑剂出现某种形式的失效。如果对此置之不理，它将导致机器出现更多的损坏或失效。为保证设备运行可靠性最大，设备管理者必须确定润滑剂是否有效工作，以及是否有污染、降解和过度磨损情况发生。油液分析可以用来监测这些失效模式。

传统上，设备使用者一直用油液分析确定润滑液和油润零件的寿命。现代视情维修和以可靠性为中心的维修认为，油液分析的重点应放在为制订设备维修计划而足够早地提供设备的状态信息上。设备和润滑剂寿命的统计数据和可靠性信息用于建立初步维修计划，而状态监测和运行数据可用于确立最终的维修工作方案和程序。

为确定哪个零件"有缺陷"而进行的监测和为确定哪台设备"继续使用没问题"而进行的监测之间很难区别，但两者的成本效益差别却很大。前者只是要减少次生损坏（图1.2）。而后者，则意在消除不必要的维修，从而最大限度地利用零件和劳动力——这具有重大的经济效益。现代视情和以可靠性为中心的维修的油液分析有两个重要功能：

（1）日常状态监测。用于确定可能出现的润滑和摩擦学问题的本质。这包括周期性采样、分析测试、测试数据的解释及确定以下两条对设备维修至关重要的信息：

图1.2 咬死是贫油或润滑油耗尽所造成的轴承损坏的最后阶段

（a）正常运行零件的状态。据此对预先安排的维修时间和计划好的任务进行调整，从而最大限度地减少不必要的零件更换和劳动成本。

（b）与油液相关的失效模式的严重性及其对机器运行的潜在影响。对所有的异常报警，应在损坏扩大和失效发生之前安排合理的补救维修。若提早报警，一般能将所需的维修推迟在正常计划的维修时间进行。

（2）可靠性监测。保证油液监测方案持续有效。一般来说，可靠性可被定义为一个系统在某一性能水平上工作一定时间周期的概率。为了达到某个可靠性水平，系统的每个零件和（或）功能都需要达到这个可靠性水平。从系统观点看，周期性地进行可靠性评估将保证所有监测活动的持续有效，这些活动包括采样程序、测试方法、报警界限、数据表达准则及所需的报告过程。

在履行上述功能时，周期性地从各设备中采取油样并分析，以确定：

（a）侵入的污染物的量及其特性；

（b）油液的化学特性；

（c）由腐蚀和磨损而产生的金属颗粒的量及其特性。

经验已经表明，油液的化学特性和污染物数据能可靠地指明很多常见的与油液有关的设备失效模式。专业分析师或专家可根据测试数据对异常情况进行解释，并提出合理的维修建议。但很多因素，如机器类型、油样的可取性、润滑剂类型、润滑剂的量、润滑剂消耗率、可做的测试项目及其相应的成本等共同作用，会使各设备使用者的油液分析方案都有所不同。因此，在建立方案时，各设备使用者必须承担由此带来的相关费用。实际当中，很少有设备使用者对建立标准测试仪器、数据通信协议、分析软件或数据管理系统感兴趣。所以，除受设备制造商或大量设备用户资助外，油液分析方案很少采用最新的技术、分析方法、分析仪器或软件。

1.2 油液分析的策略

由于各种原因，油液分析贯穿于油液的整个生命周期。虽然大多数油液分析通常着重于对在用油进行分析，但在制造过程之前、当中和之后也同样会对做试验的调合油液和新油产品进行测试。尽管对设备用户来说，在用油的分析非常重要，但新油的测试不能忽略。此外，分析从设备上拆卸的过滤器上沉积的或用逆流法冲洗过滤器后所得的过滤物是新出现的一种油液分析趋势。这项技术通常被称为过滤器碎片分析（FDA），可提供设备和油液状况的附加数据。

对大多数工业领域，新的在用油液或过滤器是由专业的商业化分析实验室分析的。这些机构采用的一般是标准化了的试验方法。可是，在军队、铁路和金属制造业界却流行现场油液分析。因为方法简易、测试速度快、测试成本低，现场油液分析在其他工业领域也已流行起来。不管分析是外包还是由自己进行，为了满足所有设备的需要，可能需要一个或多个油液分析策略。每个分析策略都有其对应的测试方法和数据表达准则。

1.2.1 新油分析

油液分析始于油液生产商的调合工厂，在那里新调合的油要经过测试，以证明其适合于既定设备。设备原制造商（OEM）也要对新油做很多试验，以验证各油品生产商所生产的油品能在其机器中可靠发挥作用（图1.3）。

图1.3　OEM对润滑油合格性进行全面试验验证

新油的监测程序包括：设备润滑的合格性检测、调合质量保证性检测、新油验收检测和新油存贮检测。

（1）设备润滑的合格性检测。油液的合格性测试是检验调合的润滑油是否能在特定运行条件下，对特定的机器可靠地润滑一定的时间。它是设备原制造商为检查润滑剂及其所保护的设备是否具有所需的设计期望寿命而进行的。合格性分析所确定的油液的关键技术参数如下：

（a）油液的黏度和润滑性；

（b）抗氧化性和稳定性；

（c）酸性和碱性；

（d）倾点、闪点和燃点；

（e）可溶和不溶污染物；

（f）空气释放和成泡特性；

（g）抗腐蚀及抗锈蚀性；

（h）抗磨和极压特性；

（i）水分离性和乳化性；

（j）与寒冷天气有关的特性。

在原则上获准通过之前，还需要在目标设备、磨损性能试验机或专门制造的试验发动机上对润滑剂进行一些附加测试。在美国，油液特性标准和所需的合格性测试项目由设备生产厂商、油品生产厂商和有关的工程学会联合决定，其具体如下：

（a）汽油机和柴油机的油液规范和合格性试验，由美国汽车工程师学会（SAE）和美国石油学会（API）决定；

（b）工业齿轮油的黏度、抗磨性、极压和其他性能规范，由国际标准化组织（ISO）和美国齿轮制造者协会（AGMA）决定；

（c）工业涡轮和压缩机油标准，由ISO和API决定；

（d）各种液压油标准（黏度、抗磨性、可燃性等），由ISO、工厂联合研究实验室，维克斯公司、辛辛那提-米拉克隆化学公司及其他组织决定。

大多数油液制造商都有其产品手册，详述其生产的润滑油和液压油的通用和特殊性能。因为大约75%的润滑油基础油都源自石油，所以大多数润滑油特性是根据石油润滑油的技术要求而定义的。

（2）调合质量保证性检测。此为油品生产商为保证产品质量和一致性在油液精制和调合过程中所安排的测试（图1.4）。进行质量保证性测试是为了迅速

图1.4　润滑油制造商保证油品含足够量必需的添加剂

地验证基础油和基础油与添加剂混合后的一些显著特性。这套试验没有合格性测试那么复杂，一般包括如下：

（a）油液黏度和（或）黏度指数；

（b）硫酸盐灰分；

（c）酸性和（或）碱性；

（d）添加剂浓度。

此外，可能还周期性地进行一些测试来确定任何可能出现的污染物，如对制造工艺过程有害或对最终产品不利的金属。

（3）新油验收检测。尽管新油一般是按照设备制造商所要求的润滑剂参数购买的，但设备使用者还是需要进行验收检测，以保证发送的新油类型和黏度等级正确，而且不与已有的油液在化学上相冲突。新油接收检验一般限于对油液做正确性识别所需的最少检验：

（a）油黏度/黏度指数；

（b）原子发射光谱（添加剂中所含金属）；

（c）傅立叶变换红外光谱等；

（d）水污染；

（e）颗粒计数（清洁度）。

（4）新油存贮检测。存贮的新油能受污染和发生降解，因此应对之进行周期性检验以保证其仍有新油质量（图1.5）。对存贮的大量油液所进行的检验一般限于确定具体污染物，例如水、灰尘和锈蚀物（由存贮容器产生）、生物体或降解产物。合成油，例如多元醇酯（类）有一定的储存期限，因此应做周期性检验，以确定是否存在油液分解物。

图1.5　新油存贮期间也可能受到污染

1.2.2　在用油分析

过去，对在用油的分析一直由专门的分析师进行。他们会对油液特性和磨损金属试验的结果给予解释并说明异常的原因，同时给出合理的维修建议。作为一个纯粹的预防性维修手段，油液是成功的。可是，应油液分析结果的要求而需要进行临时补救性维修，或不时提出关掉一台特定机器并没有为油液分析赢得更多的声誉，因为油液分析者似乎总是带来坏消息。值得庆幸的是，现代在用油分析通常是在视情和以可靠性为中心的维护环境下运作的，这使得油样数据更多地用来优化设备维修计划而不是发出临时性维修请求。这样，关闭设备的请求就相对要少，而且油液分析也认为是维修工作必不可少的。

设备类型和用途的多样性要求有相应的多样性的油液分析方法。但根据设备的应用情况，这些要求可简化为以下策略，它们有各自的具体试验方法和数据表达准则。

（1）油液性能分析。油液性能分析确定油液的剩余可用寿命。这对安排维修很有意义，通常用于以下情形：

（a）采样间隔太长，难以可靠地指明危急失效模式；

（b）进行（频繁地）日常采样不现实；

（c）通过大的集中润滑系统润滑多个设备；

（d）没有足够的历史数据进行可靠的趋势分析。

油液性能分析经常用于监测加油间隔期间海上运行的舰船或原子能发电厂设备润滑系统的功效（图1.6）。对于这些设备来说，因为不容易接近，其采样周期相对很长，润滑的可靠性是通过综合以下几方面实现的：高质量的油液、有效的油液维护、改进的过滤器和其他能去除可能产生的污染物的装置、补充添加剂/油液以恢复使用期间所正常消耗的添加剂。在某些情况下，采用实时测量油液中携带的磨粒或机器振动等附加

图1.6 应对在用润滑油试验以保证性能可靠

手段对与磨损有关的失效模式进行报警更好。油液性能分析项目包括确定润滑剂添加剂性能、氧化稳定性和润滑性等方面的试验，其具体试验项目如下：

（a）油液黏度；

（b）法莱克斯磨损和极压特性（润滑性）；

（c）旋转氧弹氧化安定性；

（d）颗粒计数及粒度分布；

（e）添加剂耗尽；

（f）酸值/碱值。

油液性能试验非常耗时和昂贵。例如，完成一个油样的氧化或抗腐蚀试验可能要花数十至数百小时。在选择油液性能分析而舍去其他可以取代它的油液监测方法时，应该考虑附加的特殊过滤和监测装置的成本。那些耗时比普通失效模式间隔长的检测试验，对于减少设备突发故障和调整设备维修时间几乎没有什么作用，记住这一点很重要！润滑油性能试验和关键润滑油失效模式征兆之间相关性不强。大多数传统的油液特性试验方法是为测定油液的性能特性而开发的，并不针对在用润滑油的降解和污染。

（2）油液状态监测。从定义上讲，油液状态监测是通过监测状态指标来评估油液失效模式的（图1.7）。因此，所做的任何一个试验必须测量一个可辨识的失效模式。油液性能和特性试验与临界油液失效模式之间的关系很微妙。大多数传统的油液试验方法本来是用于测量油液的特性而不是油液的降解或污染的。一些石油产品的试验常被用作油液状态监测，忽略了其适用性或可靠性。一个恰如其分的例子是用卡尔-费希尔滴定法（GB/T 11133）测水的含量。按GB/T 11133规定，它是测量航

图1.7　在实验室对发动机油进行试验

空燃油中水分含量的一种标准方法。该标准没有提及它对润滑油的适用性。因此，上述性能试验其实仅适用于航空燃油而非润滑剂。

任何关于失效模式、其对应征兆以及应采用哪些试验测量这些征兆等问题都能够通过失效模式，以及其影响和危害性分析（FMECA）得以解决。为使所提出的维修请求可靠，关键是油液分析者必须具有被监测机器的详尽知识，以及其运行和维修信息。换句话说，油液分析者和设备维修者之间须建立有效的联络和沟通。

例1-1　美国军方联合油液分析机构（JOAP）和开特皮勒S.O.S流体分析机构对每台特殊的设备都采用对应的特殊试验。设备工程师所选择的每套试验都是为了验证故障模式和系统的可靠性。

油液分析成本的不断增加使大多数设备用户倾向于采用以下两种截然不同的油液状态监测方法中的一种：

（a）频繁、简便试验法。该法通过对用简单试验方法，如原子发射（AE）和傅立叶变换红外（FT-IR）光谱等获得的数据做统计趋势分析来确定润滑状态。这种方法利用成本低、高度自动化的仪器提供大量日常监测数据，获得可靠的趋势分析。而且，所测的数据从统计意义上说与设备的失效模式指标相关，能够用来指出具体的故障及它们可能的发展速度。

（b）非经常性、综合分析法。润滑剂的性能特性用很全面的性能特性试验确定，而污染则用类似于油液质量检测的试验确定。这种情况下，如果润滑剂无污染和性能特性无异常就认为是可以的。取样间隔随意确定，每月一次或每个季度一次，一方面是为了节省昂贵的试验费用，另一方面是因为对所监测的失效模式不一定有清楚的认识。这种方法要求监测人员对设备零件和油液退化过程有一定的了解。采样时间间隔长不利于对数据做趋势分析，而且难以考虑发生周期较短的磨损损坏。在这些情况下，由于维修周期相对较短，与润滑油有关的失效会被削弱。另外，维修周期比取样周期短也对试验数据的解释不利。

现代状态监测都使用能表征设备和（或）油液临界失效模式的统计趋势分析法。趋势分析数据既可表明故障的出现及其严重性，又可表明其发展速度。在计划性维修的框架内，状态监测信息可用于取消对正常运转着的零部件实施维修以及调整对已出现故障的零件的维修时间。在不能立即实施维修的情况下，可用逐渐增加警告点数的方法在失效前发出最后一刻补救性维修的信号。趋势分析方法适用于：

（a）采用循环或飞溅润滑的系统；

（b）有能装载足够量油液的油槽或油箱，并可以从中采样的系统；

（c）有传感器或可采用试验获取状态数据，对与油液有关的、失效成本很高或对设备运行很关键的征兆进行可靠预测的系统。

工业和商用设备的EMECA研究表明，柴油动力设备故障的70%源于油液污染，而对液压设备，这一比例高达80%。对于大多数场合，电子颗粒计数器、原子发射（AE）光谱仪和傅立叶红外光谱仪可以提供所有失效模式的必要数据和信息。这些自动仪器每天能够分析数百个油样，而且操作可以由未经过专门化学和工程训练的普通设备维修人员完成。现有的状态监测软件能根据需要对监测数据做趋势分析和解释，并根据维修要求给出相应的数据。对大多数工业上所用的以发动机为动力的设备及液压设备，可以很容易取得可靠监测它们的临界失效模式及其发生率所需的采样间隔。

切记，过滤和纯化会影响油液监测结果。应该在过滤器或纯化装置之前安装传感器，以保证对监测数据解释时考虑这些装置的影响。对于离线分析，应当在周期性地使用高效过滤器或纯化装置之前采集油样。这些装置会去除状态监测仪器可监测的大部分磨损金属、污染物和副产物。如果高效过滤器或纯化装置是永久安装在设备中的，可能就只能使用在线传感器来进行可靠的状态监测了。设备使用者应注意下列已有统计数据：

（a）据一些部件制造商报告，通过从油液循环系统中去除大的固体颗粒（大于$10\mu m$），可以避免多达25%的灾难性轴承失效。

（b）过滤器制造商，例如鲍尔（Pall）公司和维克斯（Vickers）公司也曾宣称，如果去除大于$5\mu m$的固体颗粒，就可能避免多达80%的液压系统故障。

因此，新设备采用的过滤器网孔尺寸（$<10\mu m$）越来越小和过滤效率越来越高，增加了润滑油系统的清洁度。使用精过滤器不利的一面是其去除了相当一部分本来对之分析后可对异常磨损状态作早期警告的磨屑。但这可以通过FDA解决。精过滤器中含有机器运行过程中从油液捕获的大部分磨屑。这样，就可从用过的过滤器中提取出磨屑做分析，克服日常磨损监测数据缺失的不足。

过滤器碎片分析或FDA通过测量从油过滤器中获取的磨屑来确定机器的状态（图1.8）。这些磨屑可用颗粒计数、重量和能确定元素含量的光谱做定量分析。对这些磨损数据做趋势分析以确定磨损率和其他诊断信息。根据复杂程度不同，所用试验方法包括简单的颗粒计数器、重量分析、光学和扫描电镜、酸溶性、ICP光谱或

X-射线荧光光谱。其数据解释技术有
很多，从简单的线性趋势分析到专业
显微分析师所做的复杂的磨粒形态评
价。为了形成一个完整的油液分析报
告，在FDA中也加入了其他油液状态
数据。

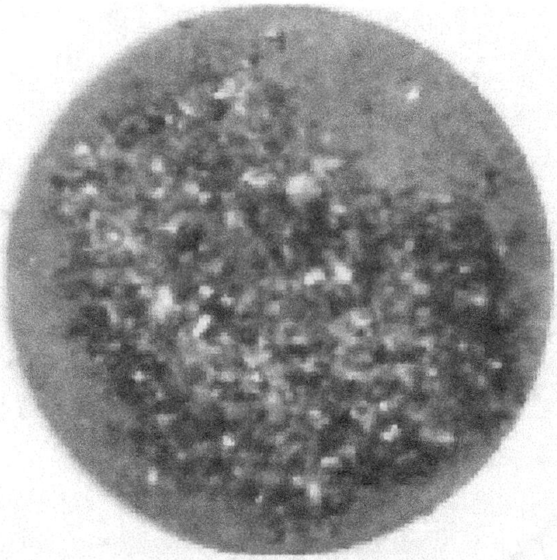

1.2.3 小结

各种油液分析策略的突出特点可
总结如下：

（1）油液性能分析根据复杂的氧
化稳定性和润滑性测试，周期性地确
定油液的剩余使用寿命。通常，报废

图1.8 过滤器过滤物分析是状态监测的有效方法

报警界限取决于专业人员对试验结果的解释。油液性能监测对于使用复杂过滤和纯
化装置的大型油润滑系统很有效。

（2）状态监测使用成本低而简单的自动化仪器或传感器，确定与油和机械本身
有关的失效征兆的出现及其意义。为反映潜在故障模式的趋势信息数据，需测试的
次数较多。数据解释可由计算机趋势分析软件进行，使用人员不需具备专门知识。
状态监测对于小而价值高的机械和液压系统非常有效。

对数个大型商业性状态监测系统的研究结果表明，无论采用何种方法，下列原
则普遍适用于指导状态监测方案的建立：

原则1：有效的油液分析方案需要以下知识：机器中每种油润滑部件的失效模
式；失效模式的影响；从损伤萌生到失效的时间；相应的征兆和相关的成本。重要
的是，应清楚地了解设备失效的模式和它们所造成的影响，因为相应的试验方法和
采样频率都取决于这些数据信息。

原则2：有效的油液分析方案需要以最佳采样间隔进行采样。判定设备的故障
发展趋势和可靠性需要足够多的油液样本量。当开始一个新方案时，稳妥的做法就
是多采样。多采样总比采样不足好。一旦掌握了该设备的失效规律，从经济角度出
发，可对采样频率做必要的调整。最佳的采样间隔能使分析的可靠性和监测成本之
间达到某种平衡。注意，因为过滤器会大量容纳故障时产生的金属磨粒，所以其异
常趋势要比从磨粒含量很少的油样所反映的异常趋势早，过滤器碎片分析可用较长的
采样间隔。如果能根据需要进行一些具体的试验项目，总的试验成本可能会进一步降
低。例如，光谱和颗粒计数对每个油样都进行，而抗泡试验则每年进行一次。

原则3：有效的油液分析方案要求测试数据表述的标准化和维修建议的程序化。
对所有测试数据做前后一致的、全面的评估必不可少。如果不这样，就会降低油样
趋势分析和长期统计分析的可靠性。使用简单的统计方法对数据进行分析之后再做

解释会得出更加恰当的结论，这和大多数公司总部使用统计方法进行商业活动是一样的。

原则4：有效的油液分析方案要能够使分析过程费时最少，以避免可能发生的次生损坏。很多失效是在数小时内发生的，尤其是高速设备。必须减少油样提取发送、人工分析和报告形成等过程所花的时间。样品周转上每节约1小时，设备维修计划安排上就会多1小时。磨损很快时优先考虑使用在线传感器。

原则5：有效的油液分析方案必须与设备维修计划相结合。各部门必须提供并分享有关设备状态、可靠性和使用情况的信息。像油液分析这样的状态监测技术绝对不应作为一个独立的任务去做。应该将所有监测数据放在一起，研究其间的相互关系。而且，从评估监测方案的可靠性和效益的角度看，对根据监测结果建议所做的维修情况进行反馈也是必要的。

原则6：有效的油液监测方案必须以减少维修成本和延长维修周期为目的。简单地着眼于防止机械失效并不能真正取得预期的效益。通常，通过缩短维修周期就可以减少失效的发生。而有效的监测能延长维修周期，并使油液和零件的寿命周期最大化。

总的来说，当将先进的软件、实验室试验（签约的或自有的）和/或在线传感器结合起来形成一个系统时，日常的油液状态监测就可以在车间或野外由维修人员、装配工或机械工完成，而不再需要专门的技术人员参加。

1.3 油液分析的任务及效益

油液分析的基本任务是及早发现并补救油液的降解、污染和磨损等问题，否则这些问题会引起代价昂贵的损坏、设备失效或不安全运行。因此，油液分析的主要好处在于经济效益，通常表现在以下几个方面：

（1）改善安全性。像乘客、飞机机组人员和那些操作高能设备，如以燃气或蒸汽为动力的机械人员，其安全性均依赖于对设备状态所做的监测和控制。虽难以直接测出所节约的成本，但不安全运行无疑会导致设备或生产的重大损失，这是很容易计算的。

（2）减少部件损坏和维修费用。所有设备的功能都会退化，而且有时会在使用过程中失效。由设备退化所引起的费用可以用所损失的设备运行率、维修劳力和备件的费用表示。早期发现和控制润滑剂的降解、污染和非正常磨损将极大地减少润滑零件和相关设备失效所引起的次生损坏的影响程度。发现和控制与油液相关的问题将减少工作时间的损失、计划性或补救性维修的成本和所需备件的成本。这些成本和损失很容易计算。

（3）增加材料的利用率。一味地定时更换机器零部件和润滑油通常会导致材料在它们可用寿命结束之前被更换。改善工作状态和使用条件，对材料的使用过程进行监测，能降低由于过早更换所带来的浪费。

（4）增加设备的可用性。 设备可用性的增加是对与油液相关失效模式在早期发现和控制的必然结果。早期的补救行动将减少故障所引起的损坏，使停机维修时间减少，等于提高了设备的利用率。这也可以用成本—效益来表示，并用来论证油液分析的效果。

（5）提高设备再卖出的价值。 在二手设备市场上，一台有完整油液监测历史的机器一般比没有油液监测历史的类同机器价格要高出10%，而单此高出的价格就超过日常油液监测的费用。

（6）增加设备运行可靠性。 长期进行油样数据的统计和可靠性分析能获得以下附加效益：

（a）更好地规划和实施设备维修；

（b）加深对设备问题根源的了解；

（c）加深对设备状态指标和诊断的了解；

（d）改进油液监测数据评估准则，特别是测试数据的界限和诊断规则。

所有这些都有助于以低成本改善设备的运行和维修。总之，状态监测的好处在于以最低的成本使设备的安全性和利用率最高。这是通过早期失效诊断和在保证机器正常使用的情况下延迟维修，使得润滑剂和零部件以及劳动力得到充分利用等方面达到的。成功的监测方案需要制定现实的目标（任务）和包含所有设计、实施及标准化操作程序的书面计划，主要包括如下四个方面：

（a）切实的目标和期望；

（b）方案的贯彻程序和所需资源；

（c）数据的管理、解释原则及程序；

（d）有效的质量保证和持续不断的改进计划。

很多公司极大地忽略了状态监测效益的计算和利用。缺乏审计导致对一些状态监测项目失去信心。如果审计，就会发现状态监测的成本和取得的效益之比可持续保持在1：10左右。换句话说，进行状态监测的花销大约只有避免或减少的维修费用的十分之一。表1.1的失效链表明了每个润滑油和机器状态阶段，监测和维修费用的大致量级对比。从润滑剂初始失效到机器失效的每个环节上，维修费用几乎都是监测费用的10倍。

表1.1 失效成本链

结果 \ 原因	与润滑油有关		与机器有关	
成本趋势	润滑油成本增加 →		机器成本增加 →	
状　态	润滑油污染或降解	润滑油失效	磨损增加	机器失效
措　施	可以恢复	必须更换	能够维修	必须大修

表1.1中磨损增加是第三阶段，很多状态监测都为它设立了报警线。对润滑油引起的失效，如果监测和维修发生在第一阶段，取得效益还会增加10~100倍。对于由材料缺陷和工艺缺陷引起的机器失效，起始阶段在表1.1的第三阶段。在初始阶段监测到这些失效会产生显著效益，如果再能确定并排除其根源就会使回报最大。

例1-2 加拿大国家铁路公司（CNR）运营着1600辆机车，这些机车每隔8到10天取一次油样。1995年，CNR对其油液分析专家系统进行了升级改造，增加了FI-IR数据的解释功能。此革新项目显著减少了机车发动机的失效率和维修费用。表1.2表明CNR在1995年由于防止了柴油发动机污染问题所取得的成本规避效益。

表1.2 CNR效益例

问题原因	次数	实际平均费用	失效将引起的最终费用	成本规避
燃油	119	$ 1 100~1 500	$ 17 000	$ 2 023 000
冷却剂	325	$ 1 000~1 500	$ 30 000	$ 375 000

燃油和冷却剂泄漏在CNR的所有与油有关的问题中分别占到20%和50%。成本规避是根据这些污染问题如果没有被发现，并任其发展至发动机失效时所需要做的维修的平均费用计算出的。所节约的成本是用历史数据从维修相应故障的平均成本计算出的。最好的情况是污染只影响了润滑油；最坏的情况是发动机咬死，导致的平均维修费用可达$250 000。如果连杆损坏，维修成本会增加到$750 000。对于大型柴油机，监测水和燃油泄漏的效益极高。

这些结果证实了加拿大太平洋铁路系统（CPRS）1992年的发现。加拿大太平洋铁路系统也有1 600台机车，在加拿大气候恶劣地区运行。1985年CPRS更新了其机车发动机油液分析系统。更新包括将采样时间间隔缩短至150h和采用专家系统分析光谱和黏度数据趋势。更新后的系统显著降低了发动机故障率，减少了维修。表1.3为1992年CPRS由于早期发现柴油发动机污染问题并做相应补救所取得的效益。

表1.3 CPRS效益例

问题原因	次数	实际平均费用	失效将引起的最终费用	成本规避
燃油	103	$ 1 000~2 000	$ 17 000	$ 1 750 000
冷却剂	215	$ 1 000~1 500	$ 30 000	$ 6 600 000

表1.3中成本规避一项，为根据污染引发发动机故障所需平均费用计算所得；上述两个失效模式在CPRS占所有与油有关的问题的70%~80%。

例1-3 美国空军（USAF）在1992年财政年度期间收集和监测了从飞机部件中所采集的近1 000 000个油液样本。在这些样本中，有190个被证实与磨损有关的失效模式，其中5个是F-16飞机发动机所具有的，因而避免了 $ 15 000 000的花销。这项节约还不包括如果在交战中发动机失效将会有5架飞机损失的代价。

例1-4　2006年，美国空军报告了2000—2004年由零部件引起的发动机事故损失。其数据按A级和B级事故排列，损失分别超过 $ 1 000 000和 $ 200 000。发生最为频繁的失效均与涡轮机和轴承有关。在5年的时间里，由于涡轮机本身和轴承所引起的涡轮机损坏总成本分别达到 $ 200 000 000和 $ 180 000 000。这等于每年有 $ 35 000 000与轴承有关的失效损失。空军每年试验约500 000份油样，通常每次飞行都要取油样监测。此外，还要用SEM/XRF对磁塞和碎屑捡拾器中收集的产物进行监测。对高性能仪器监测与润滑剂有关的失效的必要性显而易见。现代飞机发动机含有在线磨粒监测传感器和相应的诊断软件，以降低与磨损有关的失效。

例1-5　为了便于向视情换油转换，1995年美国陆军实施了基于FT-IR的油液分析技术。1998年陆军报告称因此使新油更换费用节约 $ 45 000 000。图1.9给出了六个定期换油和视情换油费用间存在巨大差别的例子。图中还给出了成本的降低百分比。例如：

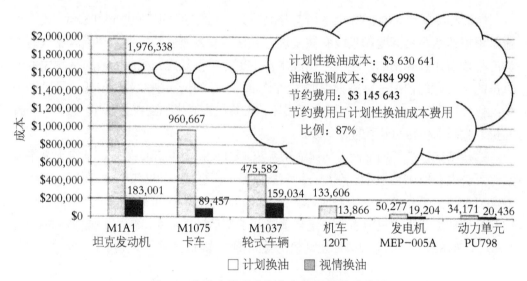

图1.9　美国陆军通过油液分析取得的效益例

（a）M1A1 Abram 坦克发动机采用多元醇酯燃气涡轮机油。定期换油费用接近 $ 2 000 000。改视情换油后，1999年的换油费用为 $ 200 000——节约了 $ 1 800 000或购油费用降低了91%。

（b）M1075PLS型卡车的润滑油费用从约 $ 960 000降低到约 $ 90 000以下，节约91%。

（c）M1037HMMWV多用途轮式车辆的润滑油消耗降低了约67%。

（d）陆军小型机车车队节约费用90%，约为 $ 120 000。

大多数情况下，因为油液分析加上视情换油，美国陆军所获效益成本比达到9∶1。

例1-6　设备数量较少的企业或机械厂同样可以从油液监测中获得显著的投资回报。表1.4为凯特皮勒油液分析项目的结果，该表给出了日常油液分析为小企业产生的效益。表1.4中，投资回报用每份油样分析的成本效益表示（计算中考虑了取样和分析的成本）。如表1.4所示，为了获得好的经济效益，油液分析的量不一定要大。表中第5家公司的油液分析量最少。但每份油样的回报最高，$20~$30的支出得到约$113的回报。无论如何，这个投资回报都算是好的。

表1.4　凯特皮勒油液分析项目的用户投资回报例

公司序号	油样量/个	故障警告油样数量	故障警告油样占总油样量的比例/%	避免故障发生次数	节约总费用/$	折合每个油样的投资回报/$
1	2 677	178	6	22	119 300	44.46
2	384	76	15	68	19 000	49.47
3	541	85	15	15	53 900	99.63
4	222	41	18	3	8 500	38.28
5	176	28	15	7	19 900	113.06
6	434	133	30	10	40 000	92.16
7	1 431	372	25	13	44 250	30.92

这些例子同样说明：油液污染是以发动机为动力设备的主要问题。鲍尔（Pall）公司和维克斯（Vicker）公司最近发表的资料指出，污染问题同样是液压系统的主要问题，在一些领域其引起的故障占系统故障的80%。油液状态监测是通过油液维护和过滤，防止或减少机器功能衰退和失效的有效途径。

如果状态监测数据也被用作改进机器的可靠性，提高设备（件）的利用率和管理维修周期，则其效益更高。虽然油液分析的效益和成本数据很难获得，但那些采用了RCM技术的组织会发现对油液设备进行日常监测是一项极好的投资。注意：上述例子中的各单位已经在状态监测方面很成熟，特别是油液监测。它们的成功归功于所做出的努力。只要能对设备及其失效模式有透彻的了解，并且愿意投资，对于大多数企业来说都能取得相同的回报。

1.4　回顾

美国丹佛里奥格朗德西方铁路公司于20世纪40年代早期在油液监测方面进行了开创性的工作（图1.10）。该公司从1941年开始用直读式光谱仪和一些简单的物理特性试验确定当时相当先进的柴油机车发动机的运行状态。在铁路工业整体上从蒸汽机过渡到内燃机后，在用油分析技术作为一种可靠的发动机监测技术已确立。早期的方案很快在诊断与油液相关的灾难性失效原因方面赢得声誉。越来越多公司的支持和对分析程序的改进为视情维修（CBM）铺平了道路。这使得进入20世纪80年代后，CBM在很多铁路系统已成为主流。

油液监测在铁路工业的成功曾引起了美国军方的注意。1955年美国海军实施了一项油液分析方案以确定飞机发动机的机械故障。今天，大多数航海舰船和航空设备都把油液监测作为一种优选措施解决突发性设备失效问题。

图1.10　油液分析始于20世纪40年代早期的铁路系统

在研究了海军的方案后，1959年美国陆军为其飞机制定了一个类似的方案。随后，在1975年地面战斗设备，1979年所有其余的陆军装备也都使用了油液监测。美国空军在确定了磨损金属分析对喷气动力飞机的战斗安全是必不可少的之后，于1962年开始了自己的油液分析计划。从那时起，美国空军将油液分析从实验室移到了外场。大多数的美国空军中队都具有在作战层面上的、自己的光谱油液分析能力。最新的飞机都使用了在线磨粒传感器，具有故障诊断和预测能力。

1975年9月，美国三军建立了联合油液分析机构（JOAP），统一管理各军项目的共性方面。

新的JOAP技术支持中心（TSC）位于彭沙克拉城海空站，它是试验、新油分析和战地实验室所用仪器质量保证的中心。今天，JOAP-TSC与300个美国和盟军油液分析实验室保持有仪器合作项目。每个月，战地实验室分析一组特殊准备的未知油样，并将测试数据反馈给JOAP-TSC。JOAP-TSC对这些数据进行分析并对每个实验室的可重复性和再现性打分。仪器协作项目使得任何美国或盟军设备在其所在地都能得到可靠监测。

除了用户，设备制造商也在研发油液分析方案，支持对发动机和部件的监测。大多数设备原制造商都以设备维修说明的形式向其客户提供油液分析经验和数据，包括油液试验参数的界限及评价指南。另一些设备制造商则做得更多。开特皮勒公司于19世纪60年代中期引入油液分析，用原子吸收光谱仪研究设备失效期间产生的磨粒。1971年以来，该公司一直保持着以ICP、FT-IR和颗粒计数为主要方法甄别与油液有关的故障模式的、完整的油液和磨损分析能力。在商业名称S·O·S^{SM}流体分析机构下，世界各处的开特皮勒机构每年分析超过600万个油样。基于这些测试的数据库能够为设备的统计、失效模式和可靠性研究提供极好的统计资料。开特皮勒公司的S·O·S^{SM}机构是世界上最大的联合流体分析机构，几乎分析了二倍于美军方JOAP机构的国内油样分析量。

从19世纪60年代开始，大多数商用、工业用和制造设备的使用者一直在用油液分析支撑它们的预防性维修（PM）项目。这些年里，油液分析已经从简单的视觉油液状态检查演化到复杂的分析测试，而成为正在兴起的替代传统PM方法的视情维修（CBM）和以可靠性为中心的维修（RCM）方式所必须具备的手段。

当早期的分析方案开始不断产生可观的经济效益时，自然会出现更好、更为可靠的分析系统。经济机遇加速了新分析方法的发展，且稳步地改进了油液参数测量的可靠性、准确性和精确性以及测试数据的解释方法。在这个过程中，建立了许多有重大意义、里程碑式的技术。

（1）原子发射光谱仪：美国军方对推动外场磨损金属分析——原子发射光谱方法的简化和标准化做了巨大努力，最终使贝尔德（Bard）公司开发了一系列高效油液分析仪。尽管大多数商业化实验室和设备制造者资助的实验室使用电感耦合等离子（ICP）光谱仪，但实际上转盘电极光谱油液元素分析仪（图1.11）对于室内油液分析是更好的选择。

图1.11　转盘电极光谱油液元素分析仪

（2）傅立叶变换红外光谱仪（图1.12）： 不断增加的油液化学分析费用和复杂性促使红外分析成为这些分析的可靠替代品。开特皮勒公司在19世纪60年代后期第一次运用传统的红外光谱（减法）分析方法进行了色散红外分析。这个方法既需要已用油油样，又需要新的、未用油油样。随着傅立叶变换红外技术的出现，开特皮勒公司和美军联合油液分析机构技术支持中心发起了一个采用FT-IR方法分析在用油的计划。这些计划的焦点集中在测量石油基油液的共性。从1992年开始，

图1.12　傅立叶变换红外光谱仪

JOAT-TSC重新评估了FT-IR方法，以期作为一种潜在的仪器替代陆海军在JOAP对所有油液所用的物理特性试验。由于该项目的开展，产生了一个新的油液监测途径，即测量油液的失效征兆而非其特性。此外，还导致了监测与石油基油、润滑脂等润滑剂有关的临界失效模式征兆时，提取数据的新方法，该方法无须参比油样。后来，美陆军和至少两个铁路部门的野外油液试验证实，用JOAP的FT-IR法替代大多数常用油液特性试验的做法是可靠的，并于2004年标准化为ASTM E-2412。

（3）数据解释专家系统： 1981—1982年的严重经济危机之后，在减少维修成本的压力下，加拿大太平洋铁路公司制定了一个设备维修管理和油液分析自动化的计划。到1986年底，CPRS已经完成了综合机车维修信息系统的安装，其中含解释日常

油样数据的专家系统。当时，CPRS所使用的数据管理技术在当时是标准的，但数据解释专家系统却是专门开发的。专家系统改善了油样数据评估的深度和连贯性，通过改善失效模式征兆的报告极大降低了机车发动机的失效率。

1987年以来，CPRS系统已经被其他铁路系统、商业和军队组织所采用和改进。1994年，CSX运输公司在开发自主专家系统方面迈出了新的一步，该系统可以自动分析、解释来自实验室的大

图1.13　金属、黏度和红外传感器用于在线监测

量油样数据。这个系统支持超过3100台机车的维修方案，在高峰时期解释超过700个油样的试验数据。

（4）在线油液分析传感器：20世纪90年代早期开始投入大量精力研制能够可靠工作于运行机器中的在线传感器。第一个这样的传感器是GasTOPS MetalSCAN 传感器，用于实时分析轴承和齿轮的金属磨粒。随后在2000年出现了Foster-Miller红外传感器（图1.13），用于测量柴油发动机和燃气轮机润滑油中的污染物和降解产物。此后出现了各种各样基于流体动力学、电导和介电强度的传感器并得到应用。这些传感器用于判断油液能否继续使用。

简言之，现代油液分析方法凭借其对失效征兆或设备寿命限制因素做及时评估的优势而发挥作用。目前的油液分析仪器可以提供润滑油和油润零件两个方面的可靠数据。而且，实施合理的油液监测可在油液失效发展为设备失效之前为计划的、推迟的或安排好的维修行动提供足够提前量的预警。油液分析方案的成功与否，关键在于对临界失效模式及其影响和指标的理解。所有其他方面，诸如，选择和论证测试项目及采样间隔等最终也取决于此。

2

设备的失效与维修

机器和油液在工作过程中都会逐渐耗损，因而需要维修。要做好维修工作，必须了解各种失效模式、影响、频率和原因。为此，需简要回顾一下设备的老化和失效机理、维修策略以及评价和控制这些问题的过程。

2.1 机器的失效

懂得机器的退化和失效模式是维修或状态监测的最基本要求。所有的机器失效模式开始时都是有限的，而且其从萌发到停机或失效的发展速度也是有限的。失效的发生及频率取决于许多因素，包括：①机器构造；②材料缺陷；③润滑方法；④工作温度；⑤受污染程度；⑥工作载荷和速度；⑦设备的运行和维修情况。

状态监测的根据在于每个失效模式一般都有其可测量的征兆，该征兆能指明故障的出现和发展。部件和油液老化失效模式一般通过某些征兆，如异常磨屑、污染、振动、热等征兆表现出来。偶尔，失效也可能因为零件材料内部存在缺陷。防止这些失效的措施是事先用非破坏性试验确定。通常，大多数失效模式还会产生相应的、征兆可测的次生损坏。注意，不要将次生损坏当成原生失效。混淆两者只能使维修成本更高，因为后者是失效发展的高级阶段。

例2-1 水污染对油润滑零件有高度的破坏性（图2.1）。可以直接测量油样中水含量的程度，也可测量磨粒、氧化物和腐蚀颗料的增加，它们也能表示失效模式的出现。

例2-2 一根受弯的或不同心的轴可以使轴承和其他零件过载。同轴度可以通过静态测量或振动增加来确定，两者都能提供问题的根源性征兆。可是，第二征兆，例如热、磨屑和润滑剂中抗磨添加剂的损失等同样也能指出此失效模式的出现。

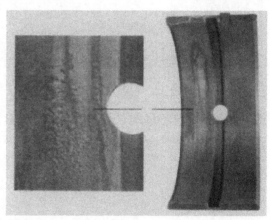

图2.1 过量水污染引起曲轴轴承表面损坏

图2.2所示的曲轴轴承组严重磨损说明了轴受到弯曲应力，并产生了弯曲变形。图中中间轴承的损坏最大，两侧轴承没有损坏。这种损坏是长的曲轴在维护和存贮期间没有得到合理支撑的典型结果。这种损坏可以通过在每个轴承处安置合适的支撑夹具来避免。

尽管知道每个临界失效模式会产生哪些次生征兆很重要，但最为重要的是，在判定一个故障的出现和评估其严重程度时，使用其原生故障征兆。原生故障征兆通常最先产生，且一般与故障的严重程度成正比，而次生故障征兆一般发生较晚并带来不必要的损坏。因此，只有费用允许时，才检测次生故障征兆。

图2.2 曲轴受弯造成轴承损坏

在机器的生命周期中失效总是要发生的。设备维修人员最为关心的是每类失效的本质原因。零部件故障发生的频率可以用大家熟悉的"浴盆"曲线（图2.3）表示。从中可以看到三种不同类型的机器失效。

（a）早期失效：设备首次投入使用后不久所发生的失效。

（b）随机性失效：正常服役期发生的失效。

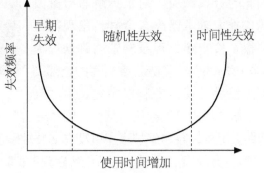

图2.3 失效概率曲线

（c）时间性失效：在预期寿命结束前后发生的失效。

2.1.1 早期失效

新的或刚使用不久的零件的失效通常是由以下原因引起的：不合理的润滑、零部件材料缺陷、未按规定工艺生产、不良安装或维修工艺等。一般说来，所有的零部件当其承受的应力超过其屈服极限或强度极限时，都会失效。次品或安装和润滑不合理的零部件，在正常工作应力下也会失效。

（1）零部件润滑不当通常是导致润滑失效的原因，包括润滑剂缺乏、污染、老化或者加错等。这种情况下，首先是保护零部件的润滑膜失效，接着是严重磨损，最后零件失效。有时候，润滑不当也可能是维护过程的问题，如：

（a）机器工作前没有用合适的润滑油替换防锈油；

（b）选择、使用了合适的润滑剂；

（c）加注前没有采取措施，保证润滑剂的清洁性；

（d）没有用合理的加注程序和设备。

维护活动不完整或粗糙马虎，新安装的零部件就会发生无谓损坏。

一开始就润滑不当对于机器通常是致命的，而且会导致离线状态监测技术失灵。虽然在线、实时传感器可能会探测到这种早期失效，但一般不能挽救受影响的零件。保证合理的润滑总是防止这种早期失效的最佳选择。

（2）不良安装是指零件安装没有按照现行的规定进行。零件安装期间的严重失误会导致零件不对中或不平衡而引起的润滑不足或过载。不良安装能使机器立即失效，但有时候也可能会使机器有一段时间的使用寿命且对状态监测有所响应。

例2-3 某核电厂的备用锅炉给油泵更换密封后出现了故障（图2.4）。事后维修中发现推力轴承温度偏高，而且润滑油颜色变灰。振动监测没有发现异常；但现场试验清楚可见油中出现闪亮的金属颗粒。对泵拆解后检查发现，推力轴承巴氏合金材料出现部分刮擦。检查还发现泵轴轴向跳动很大（0.127mm）。复查过密封件的全部安装过程后发现，安装程序建议中"敲击"第二个螺母以锁住密封套。因"敲击"一词不准确，安装人员用力过猛，使轴弯曲。另外，泵的维护程序里没有安装轴承前核查轴向跳动的内容。幸运的是，在泵被安装到设备上之前，进行维修后跑合试验中发现了问题。

图2.4　锅炉给油泵

例2-4 一蒸汽涡轮机用高压电液控制（EHC）系统控制进口蒸汽，而控制涡轮机的速度和功率输出。EHC系统的过滤系统采用了很多不同的过滤器，包括高压过滤器、低压过滤器，并在线纯化后使用了水分离过滤器。为了提高可靠性，该系统有两条独立的蒸汽供给线和各自的泵和过滤器。如果发现问题，例如高压过滤器两侧压差过大，就可以手动或自动切换，同时在控制室有提示。自动子系统包括两个独立的压力开关，一个启动压力是350kPa，另一个是450kPa。运行中发现，在控制室没有看到应有提示情况下，发生自动切换蒸汽供给线的情况。对事件调查后发现了两个问题。第一，在过滤器维修期间，对水分离过滤器进行了不当排泄减压，导致其在压力作用下悄然损坏。损坏的过滤器使固体颗粒进入储液箱，阻塞了高压系统过滤器。第二，两个独立压力开关的设置搞反了。提示开关的压力被设置为420kPa，而蒸汽线路的变换开关被设置成了360kPa。不当的过滤器维修、错误的提示开关和控制开关设置等一起作用，使该公司的自动蒸汽涡轮机在毫无提示的情况下陷入故障，损失约＄3 000 000。

例2-5 一家大型铁路公司的机车柴油发动机在大修后数小时失效。调查结果表明，连接曲轴箱的螺栓装配不当，导致运行中曲轴箱体分开。结果使该发动机前后两部分独立运动，酿成严重事故。

如果自以为是，那么安装不合理、不对中或不平衡问题会随时发生。这些问题对由旋转轴或连接装置，如花键、柔性联轴器、齿轮系、链或皮带等，连接的两个或多个机械单元组成的系统很重要。不对中和不平衡会增加冲击和载荷，使其超过机器的旋转零部件和轴承的正常承载能力。当应力超出润滑剂的承载能力，轴承表面就会损坏，导致严重磨损。一旦发生，严重磨损就会发展下去，直至机器失效。实际中，大量的零件失效都是因为不良安装引起的。摔落滚动轴承、使用类型不合适的润滑剂、排油时间过长而不对其过滤和净化等都是降低机器可靠性和使用寿命的常见行为。此外，错误的取样方法也会降低状态监测的有效性。

（3）不合格的零部件始于不合理的加工工艺或材料质量缺陷。这些零件因承载能力不足，可能提前失效。通常，次品的失效非常迅速，状态监测对即将发生的损坏提供不了太多可以预测的信息。但也有在失效之前或接近失效时探测到事故征兆的情况。

例2-6 几年前，加拿大太平洋铁路公司发生了一个严重的故障，发生在柴油机用的一批特殊的新主轴承上。这些轴承刚一装上就在短短5个工作小时里失效了，其间产生了大量的热并对轴承和曲轴造成了严重磨损。失效调查时，人们发现这些轴承的油道上有一个加工时留下的脊，是它阻碍了润滑油进入轴承表面，结果使轴承和曲轴受到了严重的黏着磨损损坏。既然没有润滑油流过受损的轴承，也就没有在油液中检测到磨损金属屑。

例2-7 与例2-6不同，CSX运输公司购买的机车发动机曲轴后来被发现是次品。通过几起过早失效，发现是镀铬层从轴表面呈片状脱落引起的。调查同样揭示，在失效发生前，进行油液分析时就已经检测到了铬和铜磨屑，但当时并没有将此看作即将出现故障的信号。随后，联合发动机的构造监测和油液分析，并采用新建立的曲轴故障指标（铬/铜的趋势数据），在导致发动失效的故障发生之前，就可确定有故障的曲轴。油液监测为CSX运输公司提供了一个选择，使其能继续使用这些发动机而不必花费高昂的代价更换所有未达标的曲轴。这些曲轴剩余的可使用寿命得到了利用并使维修费用达到了最小化。

虽然状态监测可能会发现某些早期失效，但像润滑不良、劣质零部件或安装不当等引起的故障需要从源头上找原因。除非故障造成了磨粒，否则油液分析就不能预测损坏源于劣质材料或制造工艺不当。而且，油液分析通常也不能就不合理的安装、不对中或不平衡零部件向设备使用者发出警告。控制零件不合格问题的最好方法是对所有新零件在使用前进行无损检测（NDI）。NDI应当能发现可导致零件提早损坏的大多数材料缺陷。揭示维修不当或安装问题原因的最好方法是进行维修后试验。对劣质零件或安装不当引起的大部分失效，最好用改进人员培训和提高零配件质量等措施防止。

2.1.2 随机性失效

随机性失效发生在机器正常使命期间，发生的频率相对较低，一般可分为以下几类：

（1）随机瞬间失效。随机瞬间故障类似于瞬间早期故障，由制造缺陷、材料缺陷、不合理维修、超速和过载等造成。肇事事件使失效发生得非常快，所以寻找失效原因困难常常是因为失效间隔非常短，而非监测系统不合适。

例2-8 设备在正常应力下工作时，轴的剪断和齿轮轮齿的折断都是这类事件的例子（图2.5）。在很多时候，断裂的根源只是零件材料中微小缺陷和裂纹形成的疲劳裂纹。缺陷迅速扩大，直到零件不能再承受工作应力。

图2.5　不对中引起的齿轮轮齿失效

瞬间失效发生前通常测不到什么性能或状态方面的退化征兆，但一般可从以下三个方面控制：

（a）在到达安全使用寿命前拆除零件；

（b）使用前和使用中对零件进行无损检测；

（c）设计时留有足够的安全裕度。

防范瞬间失效的最好方法就是对可能发生疲劳损坏的零件进行无损检测，加上对设备的合理使用和维修。另外，精心安排培训以及维护人员与监测人员的良好沟通也会降低瞬间故障的发生率。

（2）事件性失效。事件性失效就是那些因不合理的设计制造、运行或维修引起的意外或随机性失效。虽然某些此类故障是偶发性的，但另一些则是因缺乏管理监督、技术知识或工艺缺陷所致。

例2-9 某制造公司曾发生一台200马力鼓风机电机轴承突然失效，导致整个电机的故障。失效前该轴承每月都进行油液分析而且多年未出现异常磨损。每次从轴承的小油槽取油样后，采样人员都要补充加满油槽，为此就不需要加油工再给这些原件加油了。这些风机一直运行良好，在服役期从未出现与油液有关的问题，于是对它们取消了油液监测，取而代之以振动监测。但是，振动监测人员不知道要给轴承油槽加油，工厂的加油工也忽略了它们。因忽视润滑剂的维护而引起了这起事故。

例2-10 某大型铁路公司在大修期间遭受了一台机车的柴油机发动机失效。调查显示，连接曲轴两个结合面的螺栓没有安装好，使得机车运转时，两部分曲轴脱开，发动机前后部分各自运转，酿成了失效。

对机械系统做不合理的改进也会产生一定的问题，特别是当对之缺乏足够的知识和经验时。企业购买的设备由于管理不慎，或操作人员缺乏技术经验也很容易造成设备失效。这些失效却都很容易防止。

例2-11 某大型城市水处理厂在向齿轮箱油液添加一种据说是能够改善齿轮油抗磨特性的添加剂时，齿轮发生了失效。预先既没有做油液与添加剂是否匹配的试验，又没有得到设备制造商关于增补添加剂的认可。最终调查结果表明，所用齿轮油和添加剂不匹配导致了灾难性失效。

例2-12 某船用发动机客户从两个经销商处购买柴油发动机曲轴箱油，一个以较便宜的价格提供200L桶装油，另一个以较便宜的价格批量提供散装油。该客户将批量散装油用作换油，桶装油带上船作添加用。像例2-12中一样，没有事先进行两种油混合的匹配性试验。尽管两种油的使用都各自经由发动机制造商的批准，但二者的混合却完全不合适，最终导致了多台发动机失效。

例2-13 某发电厂技术人员发现一台大型破煤机在冬季运行时，润滑油黏度意外降低。检查发现，问题与冬季使用的浸沉式加热器有关。该加热器的加热率为7.4W/cm^2。加热器发出的热量使润滑油热裂解为低黏度油。咨询浸沉加热器制造商后得知该设备润滑油的最大加热率应当在1~1.55W/cm^{2}之间。更换加热器的成本为每个 $ 13 000，显然不可取。最后通过将供电电压从408V降到240V巧妙地解决了此问题。黏度降低的问题解决了，破煤机的工作也没有受影响。

许多机器的失效都源自于未能遵守维修计划，未能咨询同行专家，缺乏足够的知识和经验，缺乏相互交流。这些失效虽然不幸，但不可原谅，因为在工作开始时只要额外付出一点点努力就可以避免它们。不能用"省一分就是挣一分"为购买不合适的零部件或润滑剂辩解，那只能是"小事聪明，大事糊涂"的行为。

2.1.3 时间性失效

时间性失效（图2.6）通常发生在零部件使用寿命接近结束的时候，而且一般与设备运行时间和应力水平有关。失效模式可能是纯粹时间型（在这种情况下，材料在其使用寿命期间慢慢老化）、瞬间型（材料突然失效）或者推迟时间型（这种情况是在寿命结束后材料迅速退化）。大多数情况下，使用寿命可用小时、热或疲劳循环数，飞机的起降次数，轴承转动的圈数等指标表示。

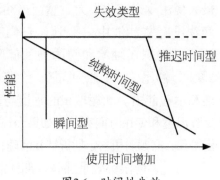

图2.6 时间性失效

为了使设备利用率最大和防止失效，可用与状态数据相关的使用数据确定零件或流体是否需要更换。通过监测使用情况确定那些过了名义使用寿命后可能会失效的零件的安全寿命极限。跟踪累积使用情况（图2.7）和测量设备系统每个零件的状态，就可以恰到好处地安排设备维修时间和备件库存。

例2-14 由于起飞和降落及变化的空气压力所产生的应力，飞机结构部件在不断地经

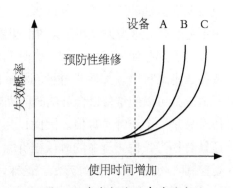

图2.7 减少与使用有关的失效

受弯曲变形。金属零部件的反复弯曲变形，会在应力处产生金属疲劳。经过一定的循环后，疲劳裂纹将增长，最终导致结构性失效。一般，通过周期性拆卸并进行无损检测可防止构件的灾难性失效。疲劳裂纹的出现预示这些零件寿命即将终结。

例2-15 滚动轴承的载荷集中在滚动体和其轨道的微小接触点处。当轴承转动时，接触点处的凹陷沿接触表面移动并危害轴承，经过一定的转动圈数之后，就会发生金属疲劳，导致轴承失效（图2.8）。由于轴承的速度和载荷不同，失效可能会在数分钟、数小时或数天内发生。除非有其他失效形式介入，这种故障模式的失效时间是可预见性的。在其最大安全使用寿命之后可以将其拆

图2.8　滚动轴承滚球表面大的剥落坑

除。对于润滑不良之类的随机性失效模式，可以通过监测防止灾难性轴承失效。大的振动和油液中出现高密度的磨屑预示着滚动轴承寿命即将完结。通过对油液污染和（或）降解的监测可以发现轴承损坏的萌生。

例2-16 大型压缩机在高温下运行，其轴承润滑剂会随着使用而降解。根据运行温度、油液体积和油液修复的不同，油液的最大使用寿命变化很大。然而当油液的降解产物没有从油液中去除时，它们就会形成油泥，堆积在轴承和阀的通油间隙处（图2.9）。油泥减小了通油间隙，会降低油的性能和承载能力。油泥堆积的程度与油的平均工作温度和使用时间有关。如果允许一定量油

图2.9　流体膜轴承轴瓦表面漆膜沉积

泥堆积，必须对机器定期拆解并清理，在轴承或阀引起机器失效之前清除沉积的油泥。

总之，时限失效是那些零部件或润滑油使用时间超过其最大可使用寿命后要发生的失效。当机械或润滑剂在稳定状态下连续工作时，其使用寿命容易确定。但当机器或润滑油的工作不连续或者应力大小变化时，其使用寿命就很难确定。另外，也不是所有的这类失效都在失效前能表现出可测的物理性劣化征兆。

对于那些使用寿命，如工作时间、热或疲劳循环次数等监测的情况，可以用这些参数定义每个零部件或每种润滑油的安全最终使用寿命。通过监测使用寿命的累积情况，可以使维修以合理的时间间隔进行，库存备品恰到好处。如图2.7所示，使用寿命是一个统计计算值。因此，为了减少突发性失效的概率，一些零件将可能在还具有相当长使用寿命的时候被拆除。对实际使用情况的监测加上可靠的状态监测是控制时间性失效的最好方法。这样，机器可一直工作到发现故障前期征兆为止。

当实施一项维修或状态监测方案时，最主要的是"要了解这台设备"。大多

数设备失效能够通过对失效模式和其原因有更好的了解而得到预防。减少设备损坏同样需要对各种机器监测方法的有效性有更好的了解，并将设备监测放到其维修计划中去。但实际上，很多单位的监测方案（油液、振动、性能、温度记录、可靠性等）彼此独立，并与设备维修不相关。这就形成了一个相互竞争的，对数据信息交流有害的工作环境。这种竞争不会推进设备运行或维修管理事业的发展，更不会改善设备的可靠性或经济性。

2.1.4 状态性失效

尽管发生于机器正常使用期的一些随机性失效可能是意外的，看起来也是瞬间的，但它们不一定属于上述失效类型之列。很多随机性失效是由下列原因引起设备状态的逐渐恶化而造成的：

（a）润滑油污染（水、燃料、尘埃等）；

（b）油过滤不良（过滤器损坏或维修不当）；

（c）不合理或不充分的润滑；

（d）不合理的维修；

（e）超速或过载；

（f）非正常磨损（部件质量不合格、不同轴、不平衡、错用）。

由此可见，很多故障是由不合理的维修或使用而造成的。一般地，由这些失效模式引起的设备状态恶化持续时间较长，而且通常有一定的征兆指标。当采样频率最佳时，就可用状态数据确定所需要的维修，从而将一些事先安排的维修活动推迟至确实需要维修的时候再进行。状态数据，如污染、降解、磨屑、振动及热动力学性能等都可用于定义机器运转的"安全界限"，并指出可能发生失效的时刻。

图2.10表示如何绘制状态指标与机器使用时间的关系曲线，以确定失效概率。超过某个数量水平和（或）趋势界限通常说明有故障，并可据此在失效来临之前提出维修请求。通过将所有相关的状态指标按诊断或故障类型分组，并存贮在诊断软件的"故障库"中，可使设备状态的解释更容易些。

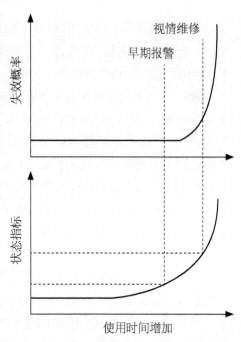

图2.10　失效概率与状态指标间关系

大多数与油有关的失效模式都属于状态性失效，而日常油液分析为监测那些对设备运行至关重要的故障提供了可靠的方法。的确，合理运行的油液分析解释系统能发现特定故障的出现，并提供一系列有序的状态指标警报，这既可以引起早期注意又能随着故障的进展进行渐进性报警。设备维修者通过监测故障的发展和设备运行，安排维修并使之对设备的运行影响最小。

例2-17 1986年加拿大太平洋铁路公司（CPRS）将油液分析解释程序从简单的判废界限改变为专家系统。该专家系统利用基于趋势分析的一个5级状态指标报警系统（表2.1）。新系统能跟踪发动机油液失效模式的演进、对各演进阶段报警并给出相应的维修请求。CPRS的报警系统可对曲轴箱油液污染和劣化发出警告，消除由此引起的发动机故障。该方法在工业界已得到普遍使用。

表2.1 5级状态指标报警系统

状态	水平	所需响应
正常	未发现问题	继续正常运转
警惕	出现异常情况	继续正常运转
紧急	出现异常情况	建议维修（允许推迟）
有害	出现异常情况	需要维修（不能推迟）
危险	出现异常情况	关机

重型机械的零件和润滑剂最大使用寿命与工作的严酷性有关。确定其报警线时，一定要将工作的严酷性因子与状态监测参数结合起来，如零件磨损、污染、润滑油老化、振动和热动力性能等。

例2-18 某公司的采煤矿和采铁矿设备基本相同。2002年在实施新的油液分析专家系统时，就是否对两种设备采用同一磨损报警线而发生争论。铁矿拖车的工作载荷较大，其每天的燃料消耗量要比煤矿中的相同设备多出约50L。理论上，铁矿生产设备的正常磨损水平应该相应地比较高，因而磨损报警线要高一些。对两种工作在不同环境下的设备的磨损历史数据统计分析结果表明这种假设是正确的，从而否定了对这两种设备采用同一磨损报警线的观点。最终用统计分析结果为每种矿产设备分别制定了各自的磨损报警线，避免了铁矿设备报警过早和煤矿设备报警过晚情况的发生。

建立了正确的状态监测指标和报警线，就可以通过这些指标的大小和变化率是否超限很容易地发现异常情况。初次超限时可以缩短取样期，并用趋势分析确定状态的严重性。之后进一步跟踪润滑油和零件监测指标的变化趋势，在失效之前预告采取维修措施。大多数时候，为了在失效来临之前使补救性维修能修复降解或污染的润滑油，报警应足够早。这也会防止次生损坏，因为前期失效被排除。有了足够的历史数据，就能通过统计分析建立可靠的报警界线并对其维护。

2.1.5 使用寿命最大化

设备的结构和零件的寿命监测可使在用零件的剩余使用寿命与被维修机器的剩余使用寿命相匹配。这一简单的做法在不干扰事先安排好的拆除计划的同时，使拟被拆除零件的剩余使用寿命得到了充分利用。利用所有拆卸下的完好零件的剩余使用寿命将使备件的购买量最低，并能节约大量的备件购买费用。

例2-19 加拿大空军（CAF） F/A-18的F404-GE-400燃气涡轮发动机为组合件，并可在外场拆换。原先，每当发现其中有缺陷零件时，该发动机就要被整体拆除，并用一台新的、具有更长剩余寿命的发动机替换。为了充分利用所有零件的使用寿命，CAF使用了一个PC计算机监测系统对发动机使用、构造和零件寿命进行跟踪（图2.11）。对拆下的完好零

图2.11 使用零部件寿命自动追踪仪使成本最小化

件进行剩余寿命评价后放回库存备用。更换上的零件与发动机单元中已有零件的剩余使用寿命尽可能相近。

在8年多的时间里，对120架服役的F/A-18飞机零件寿命跟踪所节约的费用可购买6架新F/A-18飞机——这对该国空军是一个极好的投资回报。

2.1.6 生产能力最大化

状态监测分析对机器油液的污染或降解的典型反应就是要求检查或换油。这会造成停机，生产中断。较好的方法是收集关键失效的本质及其影响的可靠信息，向设备维修人员提供更加可行的建议。一个更精细的报警系统可以使设备一直工作到故障发生的前夕，以让设备管理者在必要时最大限度地利用其生产能力。

例2-20 北伯林顿铁路公司（BNSF）在美国中西部拥有5500辆铁路机车。任何时候，在这片区域都有机车在工作（将货物从一个地方运到另一个地方）。当状态监测系统发现发动机有问题时，最好在它停机或退出工作之前，机车已经完成了其旅程。紧急停车对火车的时刻安排会带来很大影响。2006年，BNSF采用和实施了基于数据解释的专家系统和维护响应计划，以改进监测实验室产生的维修请求的精确性（图2-12）。结果使BNSF减少了40%的路上紧急停车，显著增加了车队的工作时间。

实施维修或状态监测计划时，"了解设备"很重要。掌握了失效模式及其原因就能避免大多数故障的发生。为减少设备损坏还需了解各种机器的监测方法，并将机器监测功能融合到设备维修计划中去。实际中，很多维护人员还是独立开展各种监测项目（油液、振动、性能、热图像、可靠性等等），使其与实际维修活动相脱离。各种人员之间不进行数据和想法的交流，从而产生了一种竞争的、有时候甚至

是对抗的工作环境。这种竞争不但无助于机器运行或维护管理，而且也不会提高设备的可靠性或经济性或节约劳动。

最为重要的是油液分析和其他状态监测技术能够及时并可靠地指出相应的与状态相关的失效模式。另外，状态数据在数据解释过程中起建立和维护报警界线及失效特征的作用。设备使用者面临的主要挑战在于确定哪些失效重要，哪些失效相对次要，

图2.12 使用自动油液分析系统使机车寿命最大化

从而优先关注最为关键的失效模式。知道哪个优先及其处理方法是关键。了解哪些问题可以用使用情况监测控制，哪些问题可以用状态监测控制，哪些监测技术对哪些具体的失效模式更有效很重要。这些问题都可用失效模式、其影响及危害性分析（FMECA）确定。FMECA其实就是对维修活动、事后分析和过去维修数据的回顾与反省。

2.2 失效及其原因分析

大量潜在的机器失效模式，伴随各式各样的失效征兆和监测手段，呈现出大量常常相互矛盾的变量供设备管理者去考虑。目前大多数有关状态监测的争论集中在哪些失效是关键的，以及哪些监测方法是最好的。一些争论起因于技术，而另一些则是因为经济因素。对临界失效模式的识别是制定油液分析方案的基础。失效模式已知后，应确定对应的征兆和合理的测量参数，并接着确定油样的测试方法。因此，油液监测方案形成的第一步就是确定临界失效模式、失效成本和如何对其进行监测。

例2-21 航空工业采用以可靠性为中心的维修策略后不久，加拿大太平洋铁路公司对其做了修改，使之更适用于铁路系统使用。CPRS所进行的失效分析表明，水和燃料污染能在很短时间内对柴油发动机造成严重损坏。分析同样表明，维修与水和燃油有关的失效的平均成本分别为 $ 30 000和 $ 17 000，而修理泄漏和更换润滑油的成本则分别是 $ 1 100和 $ 2 000——相比之下很少。而且，水和燃油泄漏的频率说明，油液污染占所有与油有关的发动机故障的70%。据此，通过将重点放在消除污染引起的失效，节约了大量的维修费用。

一般地，设备经理们经过长期实践已经掌握了大多数一般性的失效模式，并已实施了预防性维修方案来弥补其损失。有时候，还进行一些相应的预测性试验。对大多数设备使用者来说，这些数据可能来自：

（a）设备原制造商（OEM）；

（b）种子故障分析；

（c）计算机故障建模；

（d）技术供应商的信息；

（e）历史数据分析或其他该设备的使用者；

（f）事后评价；

（g）失效模式、影响及危害性分析。

所有这些信息源都有其各自优点，但较正规的分析程序，如FMECA或对维修和运行历史做统计分析则更为可取。诸如FMECA之类的方法在确定临界失效模式及其影响方面要权威得多。它们同样会为合理地选择监测及维修程序提供大量的依据。建立切实的控制机器老化和失效计划的关键是掌握关键失效模式。

例2-22 柴油发动机的曲轴和连杆轴承常在与高强度钢背黏合的铜或镍敷层上再涂敷一层巴氏合金表面层。初始严重磨损可通过油中出现大量的铅或锡金属表现出来。在巴氏合金层磨穿之后，铅读数会逐渐趋于零，而铜的读数会逐渐增加。对各现象出现次序的可靠监测能揭示轴承失效的开始、严重程度和可靠的失效时间估计。注意，只有当取样间隔小到可以覆盖失效模式演进的持续时间时，才能保证结果的可靠。

应对每个油润零件进行评价和记录。如果不能从OEM得到该零件的冶金组成，可以用砂纸对拆下的零件表面打磨。用XRF光谱对打磨下来的磨粒进行分析或者将打磨下的磨粒与新润滑油混合，用AES分析。通过这些分析，可得到零件表面材料的组成元素，及其大体组成比例。

不要忽视发动机的吸气、冷却、燃烧和排气系统。它们对于发动机的工作是辅助性的，但重要性并不差。这些系统对润滑油可能造成的污染包括：

（a）吸入尘土；

（b）涡轮增压器/鼓风机带入磨损金属；

（c）热交换器失效使冷却液侵入；

（d）散热器/热交换器金属；

（e）相关的冷却系统问题，如泄漏和过热；

（f）燃油侵入和串漏润滑油燃烧；

（g）相关的垫片、密封件和软管等；

（h）润滑油与密封弹性件之间的化学相容性。

2.2.1 设备原制造商（OEM）的数据

通常与设备运行相关的失效模式首先可从设备原制造商提供的数据信息中找到。OEM通常对其设备的维修性和可靠性高度关注。因此，可以从其保存的性能及可靠性方面的历史数据着手分析设备的故障模式。

对所有新设计的机器，OEM都要进行某种形式的试验，以确定其运行参数及可

靠性（图2.13）。而且，一些制造商可能会
进行种子故障试验，以确定某些失效模式的
特性，为特殊用户解决问题。任何从OEM
那里得到的，有关失效模式和征兆的资料，
对油液分析都是非常有用的。一些类型的设
备可能应用面很广，而且工作参数和应力循
环各不相同。在这种情况下，失效数据可能
会非常笼统，而且像报警界限一类的具体数
据可能会完全不适合于某些使用者的具体情
况。然而，OEM关于机器和油液组成的信
息在建立状态指标时的参考价值依然很高
（图2.14）。机器和油液的原始设计数据一
般很难得到，应予以珍视。

图2.13　OEM全面检查设备并确定潜在故
障和影响可靠性的因素

　　FMECA研究可从回顾OEM关于相关机
器系统和油液的信息开始。当然，油液制造
商也能提供某些帮助。OEM应当能够提供
机械零部件、合金成分、允许的油液类型以
及油液特性方面的详细说明。用这些数据，
就能够确定有关油液方面的失效模式及其主
要指标。

　　机器用途的复杂程度不一样，因而对
OEM的信息回顾也就不一样。下面是一个
针对曲轴箱油液分析项目所需信息的询问范
围。所选的是柴油发动机，因为它是最复杂
的一种机械。柴油发动机有几个可能相互作

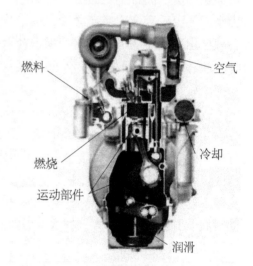

燃料　　　　　　空气
燃烧　　　　　　冷却
运动部件
　　　　　　　　润滑

图2.14　OEM可提供可能的污染物和磨损
金属的详细资料

用的流体系统，使得对各流体系统的状态监测成为一件比较艰难的任务。回顾整个
发动机及其各子系统对于全面了解各子系统之间的相互影响十分必要。

　　一开始，先询问下列问题以及它们对发动机工作的影响。

　　（a）机器和润滑剂的失效史；

　　（b）油润零件的冶金组成；

　　（c）润滑油、液压油和冷却液的化学构成；

　　（d）可能入侵的污染物的类型和量级；

　　（e）流体可能发生的降解、氧化、氮化或硫化；

　　（f）所产生的可溶性、不可溶性副产物的类型及量级；

　　（g）产生积炭、油泥和油漆的可能性；

　　（h）过滤器发生阻塞、旁路和穿孔的可能性。

这些问题的答案为确定可能出现的（假设的）失效模式及其可能使用的指标提供核心信息。

因为在状态监测中，测量的可重复性和可靠性很关键，所以必须了解目标流体的存储情况及维护活动的影响：

（a）系统油液的储量；

（b）油液的更换和添加时间；

（c）平均添加量；

（d）储箱透气孔空气过滤器和干燥器；

（e）粗过滤器和精过滤器的类型、参数和更换时间；

（f）油泵类型、润滑油流量、润滑油的循环次数；

（g）泵的磨损和气蚀可能性。

应当对柴油机的每个子系统进行评价，以确定它们对状态监测的影响。评价涉及识别、核实并记录大多数与油液相关的、可能的失效模式，对象包括所有需要确立失效模式和可测指标的内部机械零件：

（a）轴承、衬圈和推力垫片；

（b）活塞、活塞环、活塞销、连杆和缸套；

（d）凸轮、摇杆和阀；

（d）压缩机和泵。

应回顾所有油润机械零件的冶金组成。这些数据将指出可能与磨损失效有关的大多数指标。如图2.15所示，制造零件所用的各层材料将会指明在润滑问题发生期间最有可能进入润滑油中的磨损金属。即从油中出现的磨损材料可判断出磨损的严重性、零件的状态和可能出现的初期失效。

除回顾机器内部系统之外，还应回顾与该机器相连的外部系统。对于柴油机驱动的机器（例如发电机、泵和压缩机），润滑油是由发动机的曲轴箱供应的。注意，在一些发电厂和舰船上，各润滑系统的管道可能一起敷设，之间不一定有隔离阀。这些较大的系统可能含除水系统、油液净化系统，它们对油液分析的开展和所使用的方法有很大影响。对于这些系统，必须仔细安排取样和净化时间，也可以考虑用在线磨粒分析。

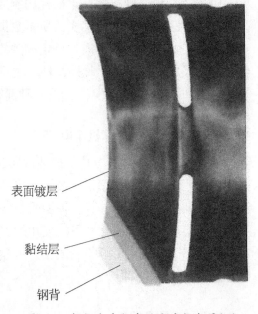

表面镀层

黏结层

钢背

图2.15　根据合金组成确定磨损金属指标

OEM通常都会对机器进行充分的评价,以确定关键可靠性因素、失效模式和故障分析树。这些信息是制定各系列机器保修期的基础。因此,OEM能够向用户提供大量的机器失效模式、频率、征兆和监测方法。OEM对机器的可修性自然很关心,通常会保存大量有关机器性能和可靠性的历史数据。虽然OEM的数据可能是在设备试验期间获得的,但也可以为开始真实失效模式的分析提供基础。

2.2.2 失效根源分析

虽然历史资料分析和EMECA提供了非常有用的信息,但在一些情况下,这些过程并没有提供足够的信息以合理地表征所有的失效模式和征兆。在这些情况下,种子故障分析、设备故障建模和过程模拟可提供有关设备失效模式及其影响方面的附加信息。

OEM和咨询公司也会进行事后失效和种子故障试验。种子故障试验用于更好地了解某个具体的故障是如何演化为失效的、失效对相关机器系统的影响,以及能可靠地指示故障出现和它演进各阶段的监测方法。

在种子故障评估中,将以某种方式损坏的设备部件安装在被测试的机器中。使该机器在试验单元中运行一段时间,如图2.16所示。试验过程中,观察损坏零部件的响应及其附加损坏模式。种子故障实验所得数据用于刻画种子故障模式的本质,确定相关的失

图2.16 密封件和软管必须与油液相容

效机理以及相应的征兆。此外,种子故障实验还用于确定在线传感器及与其相关仪器的性能和能力。种子故障实验是一种确定某个具体失效模式响应的安全方法。

2.2.3 失效的计算机建模

故障或过程建模是指基于描述故障发展各阶段的数学模型,用计算机模拟设备故障过程。计算机模型常常被设备原制造商用于辅助设计非常大和昂贵的机械系统,如舰船推进系统。计算机模型受数学规则控制,能够预测不良和危险状态,并帮助使用者确定状态指标和可能使用的监测装置。的确,对于那些故障模式信息较少的新机器,在确定影响机器或工艺可靠性的最为关键的故障时,必须较多地依赖设备故障的建模和模拟。

2.2.4 技术购买

在状态监测和维护领域,技术开发商创造了大部分新技术。他们冒着很大风险,建立了很多与应用和监测有关的数据。然而,应明白,市场压力会提早将新技

术推向对其可能一无所知的用户。技术开发商刊印的书面文件常常会大致介绍他们的产品，有时候也会附一些相关用户的资料。应当与所述用户接触，以核实宣称的性能和技术数据以及使用说明。

购买状态监测系统时，应比较相似技术。有很多监测油液状态和污染的方法，但并不是所有方法都是可重复的、可靠的或者投资效益高的，也并不是所有的分析和试验方法对于既定用途都是合适的。在计划用于一般性用途前，应仔细了解拟采用的监测技术的用途和成本效益。对于软件系统，应特别小心。软件内部的工作情况很难看到，其标称功能特性可能也与实际不符。购买软件时，一定要详细说明功能和特性要求。事先应准备好功能说明，比较想要的和对方能够提供的功能。准备功能说明可能要花费一定的精力，但从长期看，益处很多。一般，当问一个软件经销商某个特定的功能是否存在时，所得到的回答都是"是的"或"你不需要它"。临时放弃预先确定的功能可能会降低系统性能，使期望效益降低到不可接受的水平。如果没有把握哪个功能是必要的，就向技术开发商了解他们所宣称的功能是如何实际工作的。不要问那些可以简单地用"是"或"不是"就可以回答的问题。一定要请其进行功能性介绍。购买时一定要对销售人员的信息多加考量，以便做出明智的决定。不应忽视新技术发展。毕竟，新技术在为监测和维修提供新方法。

2.2.5　历史数据分析

运行和维修的历史数据通常会给出与设备运行相关的失效模式。用户历史数据通常包括下列情况：

（a）设备构造；

（b）设备使用；

（c）维修周期及时间表；

（d）计划的维修；

（e）非计划的维修；

（f）状态监测数据；

（g）备件和备件的使用。

用户历史记录数据是最为可靠的设备失效原因及其影响的信息源，同样也是确定成本和其他财务信息的最佳依据。油液分析的目的是节约成本和获取更多利润，所以必须做成本分析。尽管在必要时，其他同型号设备的数据也可作为油液分析的起始信息，但显然采用该设备本身的历史数据更好。历史数据库也是统计和可靠性数据的最可靠来源。有了足够的数据，就能够确定和核实与设备运行有关的关键失效模式。

从拥有类似设备的其他用户处所得数据也能够提供某些设备的常见故障模式的关键信息，虽然其使用或利用方式可能有所不同。例如，同一型号的泵或压缩机一般会表现出某些共同的失效模式，无论是用在采矿业、制造业，还是海洋产业。虽然用途和运行环境不同可能会产生一些新的或不同的失效模式，但不同产业的长期用户应该能够报出某种机器一些最为常见的和最关键的失效模式。基本观点：失效模式、失效频率和征兆等数据最好源于现有的监测、控制、维修和材料处理数据库系统。

2.2.6 事后评价

FMECA的另一个重要的数据来源是事故报告。从这些报告，应该能收集到与机器零部件和油液的失效原因、化学和冶金组成等有关的信息。对损坏的零件，如图2.17所示涡轮机叶片的分析通常可以查清失效的本质及其征兆，而且常常也能够推断出失效的原因。对降解油液的化学分析可以确定涉及的失效模式的本质以及最佳监测征兆。

比较从这些来源所获信息与日常油

图2.17　事后评价可增加对失效的认识

液或过滤器分析试验结果，可得出它们之间的联系。通过将状态测量，如振动、热分布、磨粒、油液降解和污染的结果与维修数据结合起来，可得出各失效模式的发生频率并验证失效征兆。该分析能合理地对潜在失效模式和潜在状态指标做最坏情况评估。

2.2.7 失效模式、影响及危害性分析

当设备信息和数据足够时，就可进行正式的失效模式、影响及危害性分析（FMECA）。FMECA是一个结构化的分析方法，覆盖设备设计、安装、运行和维护等所有方面。FMECA研究通常会发现在那些失效对某些特定活动或可维修性影响极大的领域中，对机器或过程可靠性最关键的因素。FMECA同样决定各种维修和监测活动的成本和效益。此外，通过FMECA还可以得到每种失效模式的征兆或状态指标和对应的监测方法。

为了更好地掌握飞机关键部件的劣化特性，20世纪60年代，FMECA首先被用于商用飞机工业。大型飞机的诞生，如波音747，促使维修策略从简单的预防性维修模式向更为经济的、以可靠性为中心的维修模式转变。飞机机务人员根据FMECA提供的信息，通过开展周期性无损检测和RCM控制部件的老化。继飞机行业后不久，RCM方法如FMECA一样很快被铁路和金属工业采用，并使之逐渐适用于改善重要工厂和机群的可靠性和可维修性。

今天，FMECA已经被工业所接受，借以改善关键机械的可靠性和可维修性。例如：

（a）空气动力工程师对诸如飞机翼面腐蚀和燃气涡轮机叶片组端部间隙变化等现象的物理和空气动力学响应建模；

（b）振动工程师研究零部件的振动特征，并对异常振动、不对中、不平衡等建立合适的监测程序；

（c）热工工程师研究电气设备的异常温度场和热损失的原因和影响；

（d）电气工程师确定关键电子和电气零部件的具体失效模式和响应；

（e）摩擦学家描述磨粒的金属成分、形貌和形成方式，以及磨损对油润滑机械的影响；

（f）润滑工程师确定润滑剂退化和污染的原因及其影响。

这些研究的发现可用于预测润滑剂和机械零件的安全使用寿命，建立无损试验和维修计划，使设备运行的安全性和经济性最高。FMECA非常有用，它迫使系统开发者系统地认识和考虑：

（a）所有设备和部件的功能；

（b）失效模式及其影响；

（c）失效征兆及其测量方法；

（d）失效历史、频率、成本和其他统计资料；

（e）为减少失效的突发性可能采取的合理的维修行动（及频率）。这些行动可能包括：再造工程、周期性维修、视情维修和（或）几种方法的综合。

以下为简化的FMECA方法。有了足够的机器运行、维护和试验的历史数据，就可进行详细的分析并将结果填入FMECA表格。表2.2是一个钢厂热处理车间所用的、搜集FMECA数据的表格。纸质表格在检查设备时是收集数据的好方法，现在有很多软件也可以记录和处理这些数据。除了收集和对FMECA数据进行合理分类，这些软件还能产生各种维修和统计报告。对缺乏历史数据的新机器和润滑油系统，可以用假设最坏情况产生可能出现的征兆。对油液降解、污染和金属分析以确定潜在失效模式。建立各参数的测量结果（如振动、热、油液试验、超声等）与维修数据间的关系，指出可能的故障征兆。仔细分析以前修理或失效时拆下的损坏零件，对征兆和故障指标进行核实。比较各零件的金属组成与油液和过滤器中发现的金属磨粒的组成。向OEM、其他用户和监测服务机构咨询，他们也许能够提供该设备的故障征兆和频率数据。收集到这些数据后，将它们输入到相应的FMECA表格或软件中去。

通常采用下列步骤确定工厂或机群中每台机器的关键失效模式及其维修要求。

第1步：确定设备链中各部分的目的和作用。自上而下对之进行说明（例如工艺、每台机器、次级系统、部件和关键零件等等）。每个部件，不管是多么微不足道，只要它能使工艺过程停止或使其退化，均应包括在以上所定义的说明之列。同样，也应包括关键的电子和控制系统，以及那些能够引起故障或以某种方式使设备工艺过程恶化的运行和维修方案。将这些设备功能输入FMECA表的设备功能部分。

表2.2 FMECA数据表举例

RCM 工作单	项目： 编号：	同意人： 日期：	文件编号：
	零件： Ferrocote油加油器	接收人： 日期：	总文件编号：

功能		征兆		失效模式		失效影响
1	在钢带速度变化到975m/min时以9.29mg/m²到32.52mg/m²的速率向钢带表面均匀加注Ferrocote油	1A	不能加油	1A1	油箱中无油	该热处理厂日均消耗Ferrocote油560L，如果油箱中没有足够的油，它可能会干运转。如果有的话，操作员可转换到无油生产线上。①
				1A2	在用泵联轴器失效	②
				1A3	在用泵联轴器失效	③

注：①如果没有油，就可能发生严重的次生损坏，如泵的气蚀和烧毁。在检修故障时，维修人员可能会以为是泵的原因，因此会启用备用泵。这样，备用泵也就面临被烧毁的危险。从短期考虑，操作者可能会从其他使用类似油的工厂借油。这需要1 135L的运载量和软管。每班可能需要运2~3次。联系订购油所花的时间为12h。换泵停机1h。发生频率为20年。

②正常使用情况下，由于磨损，联轴器的橡胶垫圈会失效。有关联轴器的钢销与橡胶圈接合处的橡胶的一点点信息都可能会对潜在失效提供说明。当联轴器失效时，操作者可能会观察到不喷油。如果这个故障发生在加工带材卷的时候，将会导致向带材卷供油不足，造成返工。工厂的损失就是要重新加工这些带材卷。不能推迟对联轴器的修理。

③不正确的安装可能导致联轴器失效。

第2步：对机器链中的每个部分和运行程序的每个功能定义其可接受的性能水平。该定义应包括整个工艺过程的性能以及次级系统、部件和关键零件的性能。按照名义、可接受和不可接受等三个劣化水平定义性能标准和可用性标准比较实用。

性能参数应用最适合于描述具体运行情况的术语定义，如产品质量水平、相邻故障间平均时间（MTBF）、使用时间、热循环次数、疲劳循环次数、所测间隙、振动、加热速度等。测量应可靠、易行，不一定非要让设备滞速或停机。任何能方便地转换为所节约的或挣得的资金量的参数都是优秀的。将功能失效输入FMECA表的功能失效部分。

第3步：将设备按重要性划分成维修单元。确定所有部件的失效模式，一定要将关键的电子和控制系统包括在内。失效模式分析应着重于关键部件和那些经常发生故障并能对设备的功能起劣化作用的部件。对在用设备，使用已知的失效、维修和（或）更换数据来分析故障模式和故障率；对新设备，用逻辑最坏条件分析法查找潜在的失效模式。

通过这些分析，对与目标机器子系统有关的故障模式列表。此表应当包含失效模式、原因、频率、维修和成本信息。对新设备，用逻辑最坏条件分析法查找潜在的失效模式。用此列表，将与功能失效有关的失效模式和原因输入到FMECA表的失效模式部分。如果该表中有独立的失效原因部分，就用它记录失效模式原因信息。

第4步：根据维修历史，将维修行动的发生、上次大修以来或者在某个合适的时段里每次维修所更换的零件和相关费用都列成表。将维修频率和平均维修费用填入FMECA表格相应的栏里。如果FMECA表中没有失效频率和失效成本栏，就将该表附在FMECA报告中。注意，该分析应含停机检修造成的损失和每次失效涉及的罚金。

第5步：对所有机器、系统、部件、零件、失效模式和工艺的重要程度进行评价，并排序。在评价中应考虑如果一个零件失效时采取应急权宜之策的可能，如冗余、备品、维修时机。依据这些信息，将每种失效模式的影响及严酷性填入FMECA表的失效响应栏。

第6步：状态监测需要关键失效模式的可靠征兆。当一个失效发生时，多个相互矛盾的征兆有时可能会同时出现。对每个列出的失效（例如：冲蚀、腐蚀、磨损、微动、剥落、爬行、裂纹、点蚀、泄漏、热、异常噪声或振动等），明确其对应的征兆和其出现的时机。注意，有两类重要的失效模式征兆：

（1）初期征兆。初期征兆源于早期（根源）事件。因此，监测这些征兆对于确定失效的发生很关键。例如：异常磨损常常是前期润滑问题引发的次生征兆。

（2）失效征兆。失效征兆是失效模式产生的主要征兆。只选择说明关键失效模式开始萌芽的那些征兆并不断跟踪其发展很重要。所有其他征兆（次生故障模式）代表噪声，而且通常会引起混淆。对失效模式项、征兆指标和这些指标的测量方法列表。将失效的时机和物理细节（如：冲蚀、腐蚀、磨损、微动、剥落、蠕变、断裂、点蚀、泄漏、热、异常噪声或振动等）也包括进去。

第7步：分析维修和试验历史，将油样数据与相关零件或润滑油维护项目联系起来，核实每个征兆/指标。最好数一下维修项，并将其与正好在维修前采集的油样数据联系起来。将超过平均值一个标准差的所有状态指标都包括进去。不要只计超过了原有界限的指标。原有界限可能是错的，或者新指标可能最后证明是错的。

如有足够的试验数据，画出每个状态指标测量值的频率分布图。通过频率分布能很快看到每个状态指标的行为及其概率分布。如图2.18所示，当大多数油样落入曲线中高而窄的（钟形）区域时，通常为正态分布。对正态分布，可用简单的统计方法算出可靠的界限值。正态分布明确证实了失效模式征兆及其测量仪器的正确性。

获得证实后，可将失效模式征兆和测量方法输入到FMECA表中的失效征兆和测量方法栏。

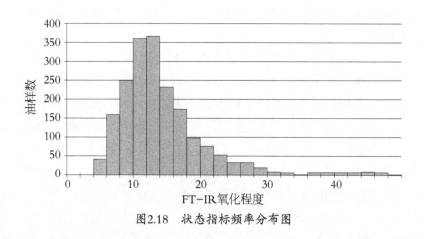

图2.18 状态指标频率分布图

第8步：分析维修记录时，应随时将相关信息记录在注释说明处。应将技术人员所做的、与状态监测和设备可靠性相关的注释说明输入到FMECA表的注释栏。

用FMECA研究所获信息可规定对设备工艺每部分进行有效维护的维修项目，以及对工艺过程的每个部分最可靠的、成本效益最高的维修程序（事后维修、视情维修或预防性维修）。维修计划应包括所有关键失效模式、失效指标、失效可能发生的时间、维修方针、程序及时间安排、所需要的关键零部件的库存等。存贮备件时，应考虑设备在预定的运行期内发生失效的概率以及获得备件所需的时间。当故障发生后，就没有时间考虑这些了。

无论用什么方法描述设备失效模式，重要的是要获得所有设备和过程的、能引起严重损坏或失效的可靠信息。通过对这些信息评价，确定失效的严酷性、最有效的监测方法和最有效的防止或修理方法。失效模式分析的结果应当是：

（a）关键失效模式及其指标列表；

（b）识别和追踪故障进程的可靠测量方法列表，该列表应考虑到最可靠的方法可能不一定是最划算的方法；

（c）详细的预防性或补救性维修计划。

2.3 维修要求

通常，用户总想以最低的价格、使用和维修成本获得最可靠的设备。但随着使用时间的推移，所有设备都会老化，并需要维修才能使之恢复到可靠状态（图2.19）。这样，维修费用就成为设备使用过程中一个必须的部分。设备维修者最基本的目标可归结如下：

（a）预见机器恶化的原因；

（b）提出控制恶化和避免失效的策略；

（c）迅速解决所发生的问题；

（d）尽可能发现并消除问题产生的基本原因；

（e）用最为经济的方式完成这些任务。

通过在最佳时机，合理地使用维修资源（劳动力和材料）可达到最佳的目标，使维修总成本最小、设备使用率最高。工业设备的运行和维修成本一般会超过其本身价格，有时要

图2.19 修复失效的涡轮机齿轮组

高出许多倍。因此，实际情况经常是某个企业的营利能力取决于其对设备的维护能力。实施PM或CBM不合理，质量控制不严、不合理的采购方针，或不合理的监测过程等所导致的不必要维修能很快地减小以设备为生存基础的企业的投资回报。

例2-23 很多设备维修组织都设法通过估计每个零部件的可用寿命，而在预期寿命结束之前安排维修来防止意外失效。对单台机器，这是个不错的做法，但大多数机器有很多零部件，大多数工厂拥有很多机器。因此，维修计划通常是建立在很多零部件的平均统计寿命基础之上的。这使得很多零部件从机器上拆走时还有相当长的可用寿命。这是非常浪费的，也没有必要。

例2-24 采用不合理的测试方法和（或）数据解释程序时，机器油液分析会导致消耗大量的油液供给。例如，在润滑系统中发现有水污染，通常会发出换油的信号，进而招致购买新油的花费和处理从系统中排掉已用油的附加费。可是，很多油液分析方案仍在继续采用不合理的测试方法，如使用爆声试验和卡尔-费希尔滴定试验作为检测润滑油中水的方法。这两个试验都存在共同的干扰因素，因而是不可靠的。判断错误一方面会招致不必要的换油和使技术人员寻找根本不存在的水泄漏，而另一方面会造成水污染被忽视，从而使机械增加磨损并发生腐蚀损坏。

现代设备包含很多复杂的系统，为了可靠而经济地运行需要多种不同的维修程序。现实的复杂性要求设备维修者对设备的可靠性、失效模式、原因及影响，以及维修技术等有很好的了解。同样重要的是，那些与设备运行和维修有关的人员应充分地了解他们的工作、他们的工作所产生的效益。如果他们没有很好地履行自己的工作职责就会对其他工作和企业的经济效益产生严重影响。

2.4 维修方式

设备维修复杂性和维修成本的不断增加，要求对维修过程进行全新的规划、管理和监督。几乎所有的现代维修方案都是基于以下一种或几种程式。

2.4.1 事后维修

事后（补救性）维修活动随着时代的前进并没有什么变化。自从人类第一次将木头轮子安装在木或铁轴上并将二者用覆涂肥皂和动物油脂的皮革轴承隔开时，维修就已成为一件必不可少的工作——预防维修就是要保证轴承受润滑并使其处于良好状况，而补救性维修就是换掉损坏的部件。一般，补救性维修是某个部件损坏或不能正常发挥作用时的维修行为。当设备停机或性能低于有效运转要求时，召集维修工去对问题的实质进行诊断并做必要的维修。补救性维修不需要什么计划，但要随时备足备件，当问题突然出现时能有维修人员立即到现场处理。因此，补救性维修过程包括：

（a）检查和核实所报告的问题；

（b）排除故障并调整；

（c）归档并上报所完成的工作。

进行事后检查时，如果能保证获取与失效有关的所有信息，就可能从中获益。这些信息可能成为发现事故根源的先导，进而找到可能的修复方法。

（1）优点。就劳力和部件的实际花费来讲，补救性维修是一种维修费用最低的技术。因为当设备问题发生时才消耗资源。可是，就总的代价来说，单纯的补救性维修方案通常是最昂贵的，因此只有在下列情况下才是有效的：

（a）运行的安全性问题不重要；

（b）设备本身成本低；

（c）设备寿命周期中的可靠性高；

（d）如果发生失效，涉及的停机损失小；

（e）不需要占用和供养大量资源和人力。

民用机器（如动力工具）、家用电器和其他类似的产品适合于采用补救性维修策略。

（2）缺点。事后维修——失效后的故障维修——对于大多数建筑、商用、制造、发电、油、气及运输设备来说是完全不能接受的。对于当今工业所使用的机械工艺过程来说，在事先未知晓的情况下突然失效停机所造成的损失十分巨大，也非常危险。而且，如果维修完全在事后进行，其产生的损失可能会高得无法接受。另一个事后维修的后果是失效部件可能会对相关机器系统造成极大的次生损坏。由看似不重要的部件的失效而使价值数百万美元的设备系统完全遭到破坏的情况屡见不鲜。这些"看似不重要的部件"之一就是润滑剂，忽略它几乎肯定会遭受严重损失。

今天，补救性维修只是在失效仅造成一些不便但对工艺过程不关键的情况下使用。在关键场合，设备用户会意识到机器失效后的经济后果，而倾向于在失效前安排预防性维修。

2.4.2 预防性维修（PM）

当我们开始用蒸汽和内燃机为运输和制造工艺过程提供动力时，生产的复杂性和成本就开始增加了，对安全性、使用率和生产率的需求也更高。这就又导致了对与设备运转有关的时间周期进行预测的需要，以在最佳时间计划和安排维修，使其对工艺过程所产生的破坏最小。设备用户开始评估各种机械零件失效的平均时间，以将维修活动安排在方便的时候进行，例如在生产任务的间隙或停产季节。这种维

图2.20 按计划维修燃气涡轮机

修属于PM，它是建立在下列前提之上的，即以预定的时间间隔持续对设备进行适当的保养维修使其利用率最大（图2.20）。PM的主要任务如下：

（a）明确任务。确定以适当的时间间隔进行经济上划算的维修任务。

（b）工作计划。将所要做的工作编制成常见的工作顺序，其中包含所需的资源、工作及安全条例。

（c）时间表。形成周期性的工作时间计划，以有效地开展工作，使对生产造成的损失最小。

（d）工作履行。指派受过训练的人去完成该工作。

（e）事后分析。对履行工作过程中收集到的有关机器的状态信息进行记录和评价。事后分析是不断改进的关键。

事后分析是维修方案中最为重要的内容之一。没有它，就没有日后的改进。事后分析需要建立一个维修数据库，并从中确定以下信息：

（a）维修方案的有效性；

（b）设备及维修工艺的统计可靠性；

（c）问题的类型、频率及根源；

（d）对设备或工艺需要做的改进；

（e）劳力和备件的预报；

（f）相关费用。

对机器的零件、油液进行日常检查、调整，或在它们的统计寿命结束之前予以更换。为了减少突发停机的概率和使维修计划和资源分配合理，机器用户应建立合理的PM周期以恰到好处地满足生产上的需要。有效的PM方案应预先考虑到各种调整及机器工作过程中每个部件的更换周期。PM方案就是由很多这些机器寿命时间表中的周期构成的。

例2-25 某铁路用柴油发动机可能会有如表2.3所示的贯穿其全使用寿命的PM周期。

表2.3　预防性维修时间表

维修周期	持续时间	次数
更换	20年	1次
大修	5年	4次
上级部门检查	90天	80次
内部例行检查	45天	160次
消耗品更换	5天	超过1000次

更换发动机的消耗品，如燃油和润滑油，将取决于使用情况，对此不宜建立固定的时间间隔。更换磨损件同样取决于使用情况，但采用固定更换时间间隔可以加强资源和停机时间的管理。为了保持固定的周期，预防性维修的时间间隔必须足够短，以防任何不良情况的发生。

例2-26　一台通用泵的平均期望寿命可能超过10年，而且能在许多场合下使用。流体条件、固体颗粒的出现、载荷和使用情况的不同可能使泵在一些情况下在短至6年的时间内就被磨损，而在另一些情况下可能长达超过10年。在更换寿命已到期的部件时就不得不考虑这些差别。

在理想的预防性维修计划中，机械零部件更换周期的设定应能减少失效对生产构成不良影响的概率。所以，有效的预防性维修计划是一个折中方案，而且可以认为是对以下几部分的不断合理化：

（a）停机费用和生产损失；

（b）日常维修费用；

（c）非计划维修费用。

虽然预防性维修的费用可能很高，但有时还不得不采用，因为很多工业的工艺过程是连续的，其意外失效会造成严重的设备损坏和生产损失。除了失效损坏的成本损失外，意外停机损失还常常包括用户索要的严厉的合同惩罚。虽然事后维修的代价比较低，但在意外停机无法容忍的情况下，采用费用较高的预防性维修策略可能会更合适些。

（1）优点。对大多数工业设备应用场合，预防性维修方案较事后维修或补救性维修有优势。预防性维修策略的好处包括：

（a）增加设备可使用率；

（b）增加使用安全性；

（c）减少意外停机时间；

（d）改善工作任务的分布使维修相对易于管理。

基于这些原因，预防性维修长期以来被大设备群和连续制造过程的拥有者所采用。在这些工业中，生产损失的代价要常常比预防性维修的成本高出许多。但是，历史同样证明，不是所有的设备使用者都以一种最有效的方式在运用预防性维修。没有哪个单独的维修技术是万灵药，预防性维修也不例外。

（2）缺点。纯粹的预防性维修方法也有许多弊端，包括：

（a）不能完全消除意外停机。

（b）必须预备充分的资源以防不测。

（c）对所有设备进行代价昂贵的维修，并可能导致对运行良好的设备进行过早的和没有必要的维修（图2.21）。

（d）很多预防性维修方案不包括对设备构造的跟踪，从而导致提前更换计划外维修时刚换上的、几乎还是新的部件。

（e）很多预防性维修方案没有包括对设备使用情况的适当跟踪，从而导致很多更换的零件有较高的过早磨损概率。

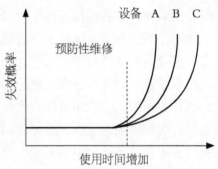

图2.21　预防性维修时间表按性能最差的零件制定

（f）大多数预防性维修方案没有包括零件的寿命跟踪，这使得那些还有一部分剩余寿命的旧部件不能在将来的计划外维修中得以使用。

（g）大多数预防性维修方案没有包含对不可靠部件的监测和识别。对所有设备的处理近乎相同，并倾向于用缩短维修时间间隔作为补偿。

所有这些因素都会降低可靠性，增加预防性维修的费用。而且，无论维修间隔和维修工作多么仔细，意外停机仍然会发生。对预防性维修的主要批评性意见在于周期性更换和报废部件所带来的高成本。因为其中一些部件还有相当长的剩余使用寿命。较短的预防性维修时间间隔（改善统计寿命的需要）会增加检查设备和更换零件的频率。这也增加了维修过程本身带来的损坏的风险。除了这些问题，对于大多数设备应用场合，预防性维修基本是正确的。但所欠缺的是一种确定部件或油液的状态在什么时候，以及多大程度上影响预防性维修时间表的方法，并据此能做出相应的调整。

2.4.3　视情维修（CBM）

CBM不同于PM之处在于开展某个维修的最佳时间是通过监测给定机器的每个零部件状态和其使用情况而确定的。CBM能以可预测的方式动态地调整原有PM的周期。这样，合理设计的CBM方案既是先发性的也是反应性的。当预防性维修周期到来时，因为日常状态监测参数对零件或油液的运行状态评定为正常而推迟预先计划的维修时，它是先发性的；当状态参数指出有问题而需要维修时，它又是反应性的。

合理设计的CBM方案赋予原有预防性维修时间间隔以灵活性和冗余性，并借助于状态和使用情况监测所发出的早期报警最终确定开展维修的时间。因此，CBM是动态的，并与机器的运转相适应。如图2.22所示，CBM以闭环方式工作，其循环始终与实际的机器状态和生产需要相适应。与事先制定的维修安排不同，它的工作计划是随状态和使用情况分析结果而不断地变化的。

如图2.23所示，设备维修的实际费用从纯粹事后维修方式下的最少逐渐上升到纯粹PM方式下的最多，而设备的运转费用则反之，在纯粹事后维修方式下最高，在纯粹PM方式下最低。在CBM中，维修和运行费用更加合理。将维修间隔的延长（通过零件的视情更换）与随机故障的早期相应（在重大次生损坏发生之前）结合，有可能实现设备的高使用率（低运行成本）和少维修（低维修成本）。所以，当综合考虑运行和维修费用时，CBM的成本要比事后维修和预防性维修低得多。CBM减少了维修和运行方面的费用，并通过系统应用设备状态监测所获得的使用和状态参数信息使设备维持较高运转率。

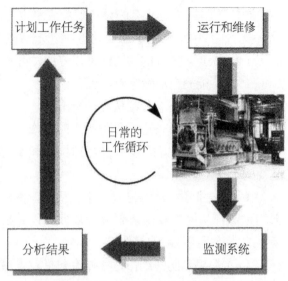

图2.22 视情维护根据零件的状态而进行

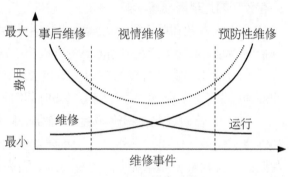

图2.23 CBM的总费用最低

纯粹的CBM不一定适合于所有设备。事实上，一个良好的CBM规划将包括事后维修、预防性和视情维修活动，对不同类型的机器采取相应的方法。在形成CBM方案时，应考虑下列因素：

（a）单个设备的大小和价值、其失效模式及其对生产造成的损失通常决定着实施视情维修费用的有效性。

（b）政府的某些条例出于对公众安全原因的考虑，规定对某些特殊的部件进行周期性维修，而不管其是否具备监测功能。

（c）保险公司可能要求进行周期性维修或拆卸检查，以确认所担保机器的质量。这些检查无视状态监测的可靠性，而且经常要求做。

（1）优点。有效的CBM将为设备用户带来如下硬的（定量的）和软的（定性的）益处：

（a）提高设备的可利用率。测量和控制设备劣化的能力将直接影响设备的利用率和运行成本。

例2-27 2006年，BNSF铁路公司对其5500台机车实施了基于数据解释和维护响应的专家系统。2007年在美国宾夕法尼亚州费城召开的摩擦学家和润滑工程师学会会议上，BNSF宣称路上紧急停车事故降低了40%，极大提高了机车的使用率。

例2-28 1994年，CSX运输公司对其3100台机车发动机实施了新的油液分析和基于FMECA技术的维修。这一改进使发动机的失效率减少了40%。除了节约维修费用外，这些发动机的连续使用对整个机组的利用率产生了良好的影响。

（b）延长PM的时间间隔。状态测量可用于逐渐延长周期性预防维修的时间间隔，如大修时间（TBO）、换油周期，从而减少这部分费用。

例2-29 很多二冲程柴油发动机的使用者通过使用自动油液状态监测，从92天计划换油转变为视情换油，使得换油次数降低到平均每年少于2次。对大车队，此做法的经济性是显而易见的，因为这些发动机油箱的载油量都在927L、1283L或1870L水平。

例2-30 很多通用汽车公司的二冲程柴油发动机使用者已经通过状态监测从定期换油转变为视情换油。这些发动机耗油大，需要不断补给润滑油以弥补添加剂的损失。通过日常监测消除了由油液降解和污染造成损坏的可能性。

（c）减少故障零部件的更换。很多设备使用者仍采用更换零件的办法修理机器故障，将新零件装上并试转，直至问题"消失"，这样做浪费很大。设备运转期间收集到的状态数据可以用于对问题进行更可靠的诊断，因而使故障更少，或对仍可使用的部件做较少的预防性更换。状态监测减少了备件及诊断过程中为测试和对部件做合格性评价所需要的附加性维修。

例2-31 加拿大空军采用Gas Tops发动机状态监测系统（ECMS）评价由F/A-18飞机维修数据系统（MDS）飞行记录仪记录的发动机参数。将发动机参数从飞行数据界面单元（图2.24）下载到连线的手提电脑中分析。通过用发动机性能数据识别和诊断飞行中的故障，增加了战机的可用度并将发动机中可更换单元的预防性更换率减少了

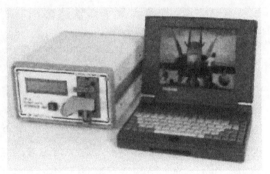

图2.24 飞行数据在线分析增加战机的可用度

25%——对拥有120架飞机的机队，每年节约资金超过 $ 1500 000。

（d）缩短维修工作持续时间。除减少故障零件更换外，CBM还减少了诊断性试运转的需要。对大型机械，如涡轮机，从运营成本、生产损失和所消耗的可用寿命来看，维修工作是十分昂贵的。可用CBM系统在设备正常运转期间收集到的日常数据，识别问题和诊断其原因，而不再需要进行诊断性试运转。

例2-32 在加拿大空军对F/A-18飞机实施发动机状态监测之前，由MDS记录仪记录下的发动机异常必须在地面运行试验检查。将飞机推至试验间，使其发动机进行持续半个多小时的一系列试验程序。这不一定能确定异常的原因，从而无端地浪

费了维修资源、燃料和发动机的可用寿命。此外，在地面再现飞行中出现的问题并查找具体故障的原因具有不确定性，它会导致对发动机可更换单元进行没有必要的提前更换。发动机状态监测（ECMs）系统能对大多数飞机故障进行诊断，而不需要后续的地面试运转。

（e）缩短维修时间。从CBM系统获得的信息可加快设备故障诊断的进程。除此之外，状态监测通常会在大的次生损坏发生前发现问题。这样，维修所花时间就会比较短，费用也较低。对大多数大的、高能的发动机，降解的或污染的油液能导致整个机器损坏。及时发现润滑问题对发动机使用者来说有两个用处：为下次预防性维修确定要解决的问题；立即针对所发现问题安排维修。

例2-33　在加拿大太平洋铁路公司，一台EMD16-645-E3机车发动机曲轴箱润滑油稀释后若允许其工作到失效，所造成的损失为＄17 000。如果是曲轴损坏了，维修费用将增至大约＄200 000。如果连杆是通过曲轴驱动的，花费可能增至＄700 000或更多。早期确定燃油泄漏部位，对之修理，并更换1 283L润滑油所花费用在＄1 500到＄2 000之间，这与发动机失效的维修费用相差极大。此外，在临时维修部修理泄漏和换油可能也就花几个小时，但在专门的修理车间拆卸和安装损坏的发动机就得花好几天时间。

（f）减少备件需求。纯粹的补救性或预防性维修通常会导致废弃仍有可观剩余寿命的零部件。CBM要求对使用情况和状态进行监测，从而可使零件可用寿命得到最大限度的发挥。

例2-34　加拿大太平洋铁路公司使用的机车维修系统可跟踪零部件的结构状态和使用情况。该公司维修计划要求：新发动机动力部件（活塞、缸套、缸盖和连杆）应首先在主线机车中使用一定时间，然后将其拆下、重新检查评价并将其用在次等的侧线机车中直至损坏。这两步既保证了设备的可使用率最大，又充分利用了动力部件的可使用寿命。

CBM最好是用在工艺过程的关键设备上。合理的监测系统可靠而经济。对那些经济规模允许以低成本实施监测的大型运输公司来说，CBM也是切合实际的。在应用CBM之前，仔细选择监测系统并对每台机器的成本效益进行评估。在某些情况下，设备监测可能比纯粹的事后维修和预防性维修费用要高。

对机器正在使用的控制系统进行检查。这些系统常常监测很多参数（温度、流量、间隙、压力等），维持着设备的安全运行。控制系统监测的这些参数可用于状态或性能监测。对于油槽或油箱大小且连续润滑的机械，日常油液分析是最好的状态监测技术之一，因为它相对较便宜、易于采用并可以支持集中在一处的大型设备群。对价值高的机器，如大型压缩机和涡轮机，在线油液分析传感器可能就比较适合，成本效益也高。在线系统对于异常情况的反应很灵敏，适合于某些机器的运行情况。

总体来讲，设计良好的CBM系统会成为用户监测设备和维修程序的一种高级工具。对CBM的数据进行连续而系统的分析，可提供：

（a）对单个机器运行状态进行持续估计；

（b）对设备群和维修系统的效能进行估计；

（c）对设备失效时间（及所需相应备件）进行预测。

CBM可以看成是基于设备构造、使用和状态的一个动态维护方式，以及或者采取行动或不采取行动的维护方式。CBM数据可成为设备管理和改善监测过程的一种手段，如建立和维护状态报警界限、零件使用寿命界限、故障指标、原因-结果库和故障排除及维修程序等。

（2）缺点。由其定义可知，CBM需要使用复杂的监测系统获得和存贮用于评价设备状态的数据。这些监测系统会增加设备维修的成本。尽管这些花费通常是合理的，但应清楚地认识到，监测方法有多种，而且并不是所有技术对监测对象都是必要的、经济的或者甚至是适用的。像其他维修技术一样，CBM也不是万灵药。通常，需要综合多种维修方法。

2.4.4　以可靠性为中心的维修（RCM）

以可靠性为中心的维修是建立在下列前提之上的，即对每类设备，存在最佳的事后维修、预防性维修和视情维修的组合。作者认为，RCM是任何设计良好的PM/CBM系统中起决定性作用的部分。可靠性定义为，设备在一定的性能水平上运行一定时间的概率。这样，RCM与其说是一种维修方法，不如说是一种管理科学，即一个对机器、维修的有效性做不断地评价和提出改进建议的分析和计划的过程。如图2.25所示，RCM为已有的CBM工作循环增添了第二个监测和分析程序，对设备运行和维护不断改进。

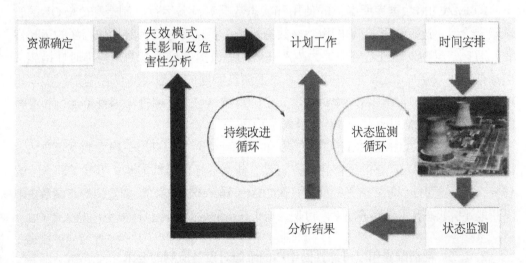

图2.25　RCM要求对状态监测和工作安排持续不断地改进

RCM将机器系统按维修重要性分成若干部分，对于每一部分确定失效后果（安全性、运行、生产、经济等等）和应采取的合理维修行动（如果有）。RCM会对每个设备系统形成具体的维修计划。它同样会不断地对正在进行的维修方案提供必要的反馈。为了使经济效益最大，所有的维修活动（任务、计划、时间安排、实施和跟踪）都受状态、使用和可靠性监测支配。

RCM技术被应用于整个设备系统——所有机械、监测系统、维修过程、计算机系统、控制系统、设备或机群的基础设施、采购、库存及销售等。其结果是一个包括下列程序的、最佳组合的通用的维修计划：

（a）可靠性分析。对工程和其他数据进行评价，以保证程序可靠和对设备、维修以及其他支持系统等进行不断改进。

（b）预防性维修。预测和控制有限使用情况下设备的失效机理，获得和补充消耗品（燃料、润滑剂、备件、计算机纸等）。

（c）视情维修。预测和控制可测部件以及油液的劣化过程。

（d）补救性（事后）维修。排除和修补由可靠性、使用和状态监测所发现的任何设备或系统缺陷。

（1）优点。RCM为用户监测和维修其设备提供了先进的技术手段。对可靠性、状态和使用数据进行不断、系统的分析，可获得：

（a）对各设备状态的连续估计；

（b）对设备（机群或单个）可靠性的估计；

（c）对设备群和维修系统性能的估计；

（d）对设备停机时间（和相应的备件需要量）的估计；

（e）对其他组织机构更好的信息反馈。

RCM/CBM数据库所提供的使用和状态数据对设备运行、制造和QA/QC的管理极有价值。运行管理部门采用CBM数据可避免引起设备较大磨损和损坏的运转模式。而且，早期发现设备问题能为生产任务的完成提供可采取的一些临时性措施。制造部门可以用RCM数据改进技术并协助调查问题的根源。质量控制部门可以用RCM数据估计和控制设备老化对生产质量的影响。总之，通过考虑设备运行和维修的动态特性，RCM可改善计划性和补救性维修。

（2）缺点。RCM是PM和CBM方法的自然延伸而非自身为一独立的维修方法。因此，将RCM纳入现存的维修管理方案没有什么不好，尽管需要（思维）理念上的转变，而且这可能引起实施上的问题。像CBM一样，RCM同样需要复杂的监测系统来不断地评价状态和可靠性等因素。可是，与可获得的效益相比，监测费用是次要的。

2.4.5 视情维修和以可靠性为中心的维修对设备监测的要求

CBM/RCM方案的核心是建立一个功能广泛的关系数据库管理系统。数据库系统收集、存贮和处理设备数据，向维修人员提出建议。此外，它还提供必要的程序以保证其不断改进。一个设计良好的RCM数据系统可收集和使用所有相关的设备数据，并具有以下功能：

（1）设备构造的跟踪。这是起点，也是建立CBM/RCM的最重要元素。构造数据定义机器的组成，对于合理确定机器零部件的状态及其使用情况是必不可少的。必须强调的是，在评价机器状态、维修需求、备件需求时，均需要特定机器的构造信息。PM、CBM和RCM均依赖可靠的构造数据。

（2）使用情况监测。该功能在设备构造数据基础上记录"寿命"/"状态"有限的机械零件的使用情况。有关参量可能是运行小时数、在不同功率水平上的运行时间、起停循环次数、热或机械的疲劳，或其他可用来描述零部件在其使用期或翻修期的"年龄"参数。所有的维修方法均依赖于可靠地对使用情况的监测。

（3）零件寿命跟踪。此功能与零件的再认证有关，用来对因事故或修理而拆卸的未损坏零件的剩余可用寿命再利用。零件寿命跟踪系统记录每个零件的使用数据并在拆除时对其剩余可用寿命做出估计。如果还有足够的寿命，就对该零件重新进行合格评定并将其放入库存备用。

（4）状态监测。此功能记录那些说明各关键机器零部件状态的数据参数。状态数据可以各种不同的方式获得，包括目测检查、温度曲线分析、油液分析、性能分析和（或）振动分析等。这些数据用于确定机械零件和油液状态，并在其劣化或故障之前发出警报。

（5）运行状况监测。该项功能动态记录异常事件出现之前、期间和之后的运行参数。运行状况说明机器相对于其特定的安全或可接受界限的运转状态。通常，记录这些数据都是因为运行参数超限或异常，以用来协助故障诊断和故障排除。事件的状况数据异常标示某一故障模式的萌生或机器已经变得不可靠了。

（6）可靠性监测。这是CBM方案的第二个最重要部分，主要用于监测设备、运行和维修过程的可靠性。它同样监测系统状态，如PM的时间间隔、故障库、界限数据、故障排除数据、质量数据、成本数据、备件及各种其他用来管理维修过程的措施。可靠性数据包括以下历史记录：机器构造变化、零部件的使用、健康和状况数据、机器的问题、发生频率、描述、相关的征兆、诊断和所有进行的维修，包括什么时间以及由谁完成。应审查和分析每个事件，以寻找改进的机会。

图2.26表示一个设计良好的计算机化的CBM/RCM数据管理系统。它记录与设备运行、状态和可靠性评价相关的所有数据。这个数据库系统支持现代计算机化维修管理系统（CMMS）的全部功能。

简言之，机器系统的性能正常发挥和可靠性保证需要采用多种维护策略。对不重要系统或用作备用的、价值较小的设备可以采用事后维修方式。比较贵的和关键的设备应当综合运用预防性维修和视情维修，以保证其工作时间最长和运行成本最小。为了使设备的可利用率最大、失效概率最小和维修成本最低，对所有的维修活动都应进行可靠性分析。

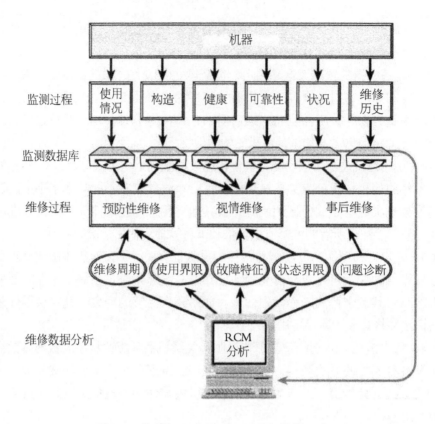

图2.26 计算机化的CBM/RCM数据管理系统

3

机械润滑

3.1 引言

所有的工业机械都含有像轴-轴承和齿轮一样的机械零件副，它们相对运动又彼此分开。润滑油产生了使运动零件隔开、防止其接触的油膜。可靠的润滑是机器可靠运行和寿命最大化的保证。事实上，可以说工业革命的成功更多的是依赖于可靠的润滑。如果所有的润滑系统和润滑剂都有合理的管理和监测，机械润滑就应是可靠的（图3.1）。因此，从油液分析获益需要对

图3.1　大型工业动力设备需要润滑状态监测

机械润滑有相应的了解。劣质的润滑剂、润滑工具和润滑方法会使最好的油液分析策略最终归于失败。而合理管理和监测的机械润滑计划会产生显著的效益，包括：

（a）设备的可靠性和可利用率提高；

（b）生产率和安全性得到改善；

（c）运行和维护成本降低。

润滑油和润滑脂价格昂贵，而且污染物侵入、处理不当和加注错误容易导致劣化。因此，润滑剂管理包括所有润滑系统和润滑剂的正确选择、购买、存储、处理、加注、维护和监测。因为大多数这些任务通常是由公司内部的不同权力部门实施的，因此，要做到合理管理就需要各部门之间合作。

工业、商业和个人所用的润滑油和润滑脂各式各样。油液分析人员必须熟悉所监测的设备、它们的润滑和流体动力要求，以及各种与润滑剂、其处理和废弃有关的健康和环保法规。下面是一些国际和美国工业学（协）会，从中可以获得一些这方面的信息：

（a）国际标准化协会（ISO）。规定润滑油的类型、黏度等级、加注应用、添加剂要求、清洁度等级和特性试验方法。

（b）国际润滑剂标准化和认证委员会（ILSAC）。规定各种特性、添加剂要求和已认证润滑油所需的试验。

（c）美国润滑脂学会（NLGI）。该学会即美国润滑脂制造商和销售者贸易协会，为润滑脂制定标准。

（d）美国汽车工程师协会（SAE）。规定润滑剂类型、黏度等级和添加剂要求，和润滑油及润滑脂试验。

（e）美国石油学会（API）。为工业和汽车行业规定润滑剂类型、黏度等级和添加剂要求。

（f）美国齿轮制造者协会（AGMA）。为齿轮润滑油和润滑脂规定润滑剂类型、黏度级别和添加剂要求。

还必须从设备和润滑剂制造商处获得信息，或者从机器维护和试验数据库中挖掘信息。工业机器的额定功率、运行周期、工作温度等变化范围非常广泛。所以，润滑剂必须有很多不同的，甚至是矛盾的功能，而且这些功能必须有效并对于设备总的可靠性和工作性能有益。每个功能都需要特殊的润滑剂特性或添加剂，而且不能因为一个而损坏另一个。

3.2 润滑剂的基本功能

润滑剂在复杂环境（物理和化学的）下工作，而且必须完成下列各项任务：

（a）承载并将摩擦面分开；

（b）带走摩擦热和/或燃烧热；

（c）控制腐蚀和锈蚀；

（d）破碎和分散沉淀物；

（e）控制发动机的预燃；

（f）带走/悬浮不溶性颗粒；

（g）中和设备运行过程中形成的腐蚀性生成物。

为了有效地完成上述任务，润滑剂须由基础油和添加剂组成，对它们进行调和以满足特定机械的性能需求。

3.2.1 承受载荷并隔开摩擦面

润滑剂（和液压液）通过一层油膜将工作在一定速度和载荷下的运动零件表面隔开，防止金属面直接接触。此外，润滑剂不能与机器内部零件和密封件材料起化学反应，还必须在各种运行条件下，如启动、运行和停车过程中可靠地发挥作用。

为了防止对运动件表面的损坏，润滑剂必须常常将在不同速度和载荷下工作的表面隔开。另外，它必须能够润滑两种相对运动方式完全不同的零部件：

（a）滑动接触零件；

（b）滚动接触零件。

润滑可能由可流动的润滑油完成，也可能由半固体的润滑脂完成。油润机器使用机械方式连续地将新鲜润滑油加到承载部位。脂润滑机械利用润滑脂的黏附性使足够的润滑油留在摩擦表面。根据机械设计的不同，可以采用下列一种或多种物理过程建立可靠的润滑油膜。

（a）流体动力润滑；

（b）弹性流体动力润滑；

（c）边界润滑；

（d）流体静力润滑。

相对滑动的摩擦表面被一薄层油膜完全分开时受流体动力润滑。在重载和极压情况下，零件处于边界润滑状态，由变态的流体动力膜润滑。相对滚动的摩擦表面由一层固化润滑膜分开，称弹性流体动力润滑。

（1）流体动力润滑。滑动摩擦表面，如滑动轴承和导轨通常被一层油膜隔开，而这层油膜一般由流体动力润滑过程产生。当零件第一次被安装在机器中时，它的承载面会经受一个短暂的摩擦磨损增加期。在此过程中，零件得以适应，其表面被磨成光滑的、有延展性的低磨损表面，通常称为"切混层"。该层对油有很好的亲和性，能在其表面吸附一层润滑油。

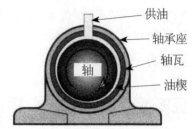

图3.2　流体动力润滑

当一个表面相对于另一个表面滑动时（图3.2），在两个表面的切混层/润滑油黏附层间会形成一个黏性油楔。黏性油楔将零件表面分开并支承载荷，这一过程类似于在硬而有雨的路面上快速驾车时打滑的情形。虽然大的起动摩擦是其主要缺点，但当油液黏度与零件正常工作速度匹配好时，流体动力润滑的确可提供可靠而低摩擦的运行状态。

流体动力润滑通常用在相对滑动的摩擦表面间，并主要用于应力中等、载荷支承面较大的场合，如：径向和推力滑动轴承；缸套-活塞环；齿轮节线以上和以下的啮合部位。

虽然有起动摩擦高的缺点，但当油液黏度和零件的运行参数——温度、速度荷载等匹配时，流体动力润滑的摩擦很小，也非常可靠。正常启动过程中，当摩擦面还处在相互接触状态时，抗磨和极压添加剂形成的化学膜会保护相对运动摩擦面。速度增加到一定程度后，承载表面之间会形成油楔，将两个表面分开。

流体动力润滑的可靠性取决于多个变量之间的复杂关系：油对金属表面的黏附性、油液内部的黏聚力、油的黏度、工作温度、工作压力、工作速度和剪切率。

（a）油对金属表面的黏附性的影响。黏附性是一个材料对另一个材料黏着的倾向性（图3.3）。对润滑而言，黏附或黏着一般指润滑油润湿或黏附在润滑零件承载表面的能力。没有表面的润湿，就不会发生流体动力润滑。油-零件表面相互不发生粘连，润滑油就不可能被带起并形成承载油楔。

注意：润滑油并非对所有的金属零件表面都可润湿。润滑剂对诸

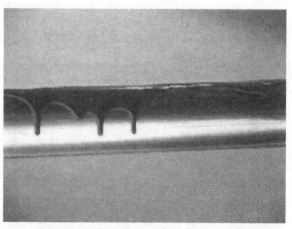

图3.3　流体动力润滑依靠润滑剂的黏附性

如不锈钢或没有氧化层的天然金属没有黏附性。在安装轴颈和轴承时，先要保证润滑油能黏附在轴颈和轴承表面。如果施加润滑油时，发现油液只是在零件表面形成油珠而并不能润湿零件表面（就像水在刚刚上过蜡的汽车表面那样），就应立即停止。油液成珠的原因是零件表面依然有防腐剂或清洁剂等外部物质。如果在这种情况下安装轴承，会导致润滑不良，且可能很快发生灾难性失效。

（b）油液内部黏聚力的影响。黏聚力指材料分子之间有相互粘在一起的天然倾向性。因此，黏聚力会引起油液的内摩擦。与黏附性一样，黏聚性也是零件一个表面相对另一个表面运动时形成油楔的原因。简单地说，就是当一个油层运动时，与之相邻的油层由于黏聚力的作用被带着一起运动了。这种运动使油液聚集在两个表面之间形成油楔。油的黏聚力与黏度有关——黏度越大，黏聚力越大。

（c）油黏度的影响。黏度是油液对流动的抗拒性（图3.4）。流体动力润滑油膜的厚度与黏度成正比。也即，黏度越大，油膜厚度就越大（当油膜厚度增大到零件间隙容许的最大限度之后，黏度增加的结果就只是油内摩擦的变大）。

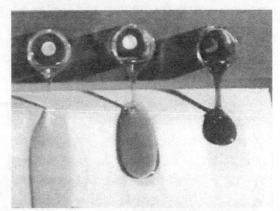

图3.4　重油（右侧）的流动性比轻油（左侧）的流动性差得多

在由启动到正常运转的过程中，油液内部的剪切摩擦使油温增加，黏度下降，最后到达平衡。如果开始的黏度正确，最终将维持在正常的工作黏度和温度，机器将可靠工作。但是，如果使用的油液黏度过大，摩擦和能量消耗就会异常增加。反之，如果使用的黏度过低，流体动力润滑膜的厚度就会变小，从而增加金属-金属接触和发生严重磨损的可能性。

（d）工作温度的影响。工作温度与黏度和油膜厚度成反比关系。工作温度升高时，黏度和油膜厚度会减少，反之亦然。因此，合理的油液黏度取决于目标机器的预期启动和工作温度。

冬季，当环境温度降到接近油液滴点时，润滑油可能需要几分钟时间才能流到所有被润滑的零件。温度降到滴点以下时，润滑油流不到需要润滑的零件，会导致过早失效。

温度超过规定温度时，润滑剂的分子会裂解，变成较轻的化合物，导致黏度永久性大幅降低。如果机器在这种状态工作，零件很容易损坏，机器也可能失效。

（e）工作压力（载荷）的影响。工作载荷与油液黏度成正比。即，载荷增加时，黏度会增加。反过来，温度恒定时，如果压力减少，黏度也会减少。轴的重量也会影响油膜厚度——单位面积的重量越大，给定速度下的油膜厚度越小。这种情况下，油分子会从轴重作用的表面上将油液分子挤压出去。

在有一定压力的润滑系统中，保持合适的油压很重要。在这种系统中，开始黏度、工作温度和供油压力都会影响到油膜厚度。

（f）工作速度的影响。工作速度直接影响流体动力膜的厚度。轴速增加时，油的黏聚力使油分子聚积，导致油楔厚度趋于增加。随着表观黏度的增加，油分子间的剪切摩擦同样会使油液的温度升高，这会抵消部分摩擦增大效应。油液黏度一定时，油膜厚度随速度的降低而减少。

轴运动的振动监测结果表明，当速度增加时，流体动力油楔的绕转会使轴产生不平衡，引起轴心在轴承中沿一定轨迹运动，导致轴和轴承振动和应力的大幅增加（图3.5）。轴变得不稳定时的速度和不稳定时的强度取决于很多因素，包括油的黏度、油的压力、工作温度、油的剪切速度、油间隙大小以及轴和轴承的刚度等。这种轴的不稳定随轴速而变的现象称为"油膜涡动"，发生在某个特定的转速，如系统固有共振频率处时称为"油膜振荡"。为了保证机器在所需转速范围里稳定工作，设计实际轴承系统时必须考虑这些因素。

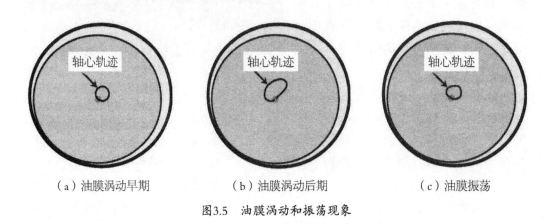

（a）油膜涡动早期　　　　（b）油膜涡动后期　　　　（c）油膜振荡

图3.5　油膜涡动和振荡现象

（g）剪切率的影响。高性能内燃发动机的出现增加了润滑油的机械和温度应力。这些机器的轴速很高，大大增加了润滑油的剪切率（图3.6）。而且，缸套—活塞环界面的剪切率变化很大，上、下死点为"零"，冲程中部最大。这种机器的润滑剂必须能够在各种剪切率下有效发挥作用。

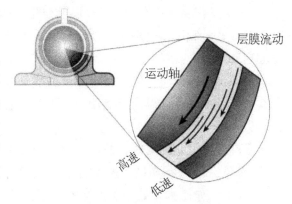

图3.6　黏性剪切产生层流

高剪切率下，润滑剂的类型对其性能也有很大影响。温度恒定时，单级黏度油（牛顿油）的黏度在各种剪切率下基本保持恒定，除非在非常高的剪切率下。多级油为轻质基础油和黏度指数改进剂聚合物（非牛顿油）的混合物，当剪切率增加时，会暂时丧失有效黏度。这是一个相当难以对付的问题，因为机器中不同部分的速度可能不同。当油液通过剪切率很高的部位时，油的长链分子会顺着流动方向排列并通过油隙，使黏度暂时降低。但当流入低剪切率部位后，有效黏度又回到正常值。黏度暂时降低的后果是在高剪切率区，油膜厚度可能会太薄而导致过度磨损。极端情况下，多级油受剪切应力过大会使黏度指数改进剂分子完全间断，造成黏度的永久丧失。如果没有发现这一情况，由此引起的润滑失效会引起零件的损坏或整个机器的损坏。润滑油对剪切率的敏感性用标准黏度试验测不出来，因为这些标准试验都不是在高剪切率下进行的。由此引起的故障问题用改变油液黏度级别和黏度指数解决不了。因为高速和高应力状态下，油的黏度和油膜特性呈现出不同的特点，所以需要能够准确反映现代发动机这一工作特点的黏度测量方法。为了保证润滑剂满足特定用途下的高剪切率工况，应使用高剪切率黏度仪。该试验机采用可编程锥形轴承模拟机，可在很宽的温度范围和剪切率范围确定润滑剂的黏度。

总之，在流体动力润滑区，黏度正确的润滑油会形成黏性油楔，将运动表面隔开并承受载荷。如果润滑剂黏度太大，摩擦力相应地也会过高。如果润滑剂黏度不够，油膜就会太薄，不能保护运动表面免受瞬时应力的作用，最终导致磨损加速和可能出现灾难性失效。为了满足既定用途，润滑工程师要选择黏度和黏度指数合适，以及在预期的速度、载荷和温度范围有可靠性能的添加剂组合的润滑剂。通常，高速低载机器需要黏度较低的润滑剂，而低速高载机器需要黏度较高的润滑剂。

（2）弹性流体动力润滑。弹性流体动力润滑在相对磨损表面间提供了一层可靠的油膜，这和流体动力润滑油膜的形成方式不同。图3.7表示位于滚动轴承内、外圈之间的滚动体。在主载荷方向上，滚球上的小接触点将发生微小的变形，并捕获了一小部分油膜。当油膜上加重载时，它将具有类似于固体的特性，以防止金属—金属接触并允许球和轨道间以非常低的摩擦相对运动。

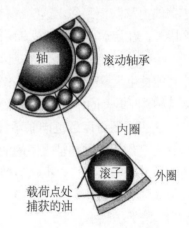

图3.7 弹性流体动力润滑

齿轮轮齿在节线处也有相对滚动。在这点上，载荷沿一小的滚动接触区传递。在节点处，轮齿同样受到类似于球轴承那样的弹性流体动力润滑。

在弹性流体润滑区，运动表面被因承载点处高压而形成的固态润滑膜隔开。像流体动力润滑一样，润滑膜的厚度和弹性与工作温度、速度和载荷有关。

弹性流体动力润滑一般用于高速、高性能和精密机械，其承载处的支撑面积很小，如滚动轴承滚子和内外圈之间以及齿轮轮齿间。保持合理润滑时，弹性流体动力润滑工作可靠，摩擦小。然而，承载面积小意味着相应表面得不断工作才能维持其润滑状态，而且承载寿命有限。因此，必须对滚动轴承的使用进行监测，且不能使其工作时间超出额定使用寿命。

（3）边界润滑。 流体动力润滑和弹性流体动力润滑是相当理想的润滑方式，而且适用于中等载荷下连续而稳定的零件摩擦界面。可是，像凸轮、活塞、螺旋和齿轮这样的零件却需要在大负载和（或）高温下工作。这样的负载和温度会使油膜过载、破裂，并导致某些金属—金属直接接触。这时应对承载表面保护，直到正常润滑为止。

图3.8为一典型的磨损副微观断面。尽管经过了正常磨合的适应期，但在微观水平上摩擦面还不是完全光滑的。如果没有保护，在瞬间高应力发生时仍会发生表面直接接触。为了防止这一情况的发生，所使用的润滑剂中需含有抗磨和极压添加剂。这些添加剂能与摩擦面反应并在其上生成一层薄膜。当经受瞬时高应力，即发生黏着时，这层薄膜（或称边界膜）将首先磨损，使摩擦面得以保护。只要在润滑剂中还有足够的添加剂，边界层就会自动保持存在。这种形式的润滑称作边界润滑。

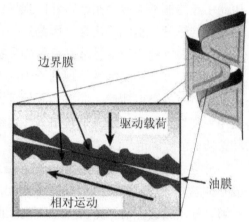

图3.8　边界润滑

除了极压和抗磨添加剂之外，也常用摩擦改进剂，如二硫化钼和石墨粉等改善承载能力和防止刮伤。这些材料对金属表面有很好的亲和力。它们能将摩擦表面完全隔开，在启动和承受高载荷瞬间降低摩擦，提高承载能力。

（4）流体静力润滑。在启动阶段，大的轴承系统在建立可靠的流体动力膜过程中可能发生大量的金属—金属接触和轴承损坏。而且，速度很高的轴在工作中还会受到各种瞬时载荷的作用。这些瞬时载荷会使轴产生不平衡，并造成轴承的异常磨损。

这些问题可以通过向轴承提供高压油流（图3.9）、稳定轴在轴承中的位置得以解决。如果轴承和轴之间的油膜由外界提供的高压油生成，就构成了流体静力润滑。这种润滑方式可以提供有效的启动油膜。当轴速上升到正常值时，轴与轴承间会形成强大的流体动力润滑膜，这时可以终止流体静力作用。停机时也可采用流体静力润滑保护轴承。

3.2.2　冷却零件

机械零件在摩擦中产生大量的热，而在（发动机）燃烧和压缩中吸收附加的热。润滑剂在很大程度上负责排热。这是通过吸收运动部件的热并将其传递给机壳或将热随连续流过零件的油带走来完成的（图3.10）。活塞、齿轮和轴承承载区的局部高温要求使用热稳定性好的润滑剂。注意，工作温度越高，油的黏度会变得越低，氧化和降解也越快。

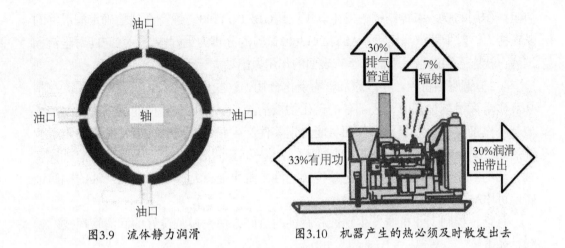

图3.9　流体静力润滑　　　　　　图3.10　机器产生的热必须及时散发出去

3.2.3　控制腐蚀与锈蚀

大多数工业机械都含轴承和其他由铁和铜合金做的被润滑零件。因此，保护铁、铜合金零件在各种工况下不发生腐蚀很重要。机械零件工作过程中会遇到三种可能的腐蚀环境：

（a）机器，特别是那些在室外工作或间歇工作的机器，容易受到腐蚀和锈蚀。启停循环过程中，机器内部可能会从很高的工作温度变到零下的环境温度，致使潮气发生冷凝。

（b）很多润滑油配方中含有活性很强的添加剂，特别是抗磨添加剂和极压添加剂。

（c）侵入的水会聚集在润滑系统的死角处，引起腐蚀。润滑剂中的湿气会聚集在较冷的地方，使金属表面腐蚀，或者与燃烧产物结合形成酸而产生化学腐蚀。图3.11所示为轴承的铜材表面被油中的弱酸所腐蚀。

润滑剂必须对机器中的，或者可进入或溶入润滑剂中的空气或潮气起屏障作用。机器使用者必须保证所有的密封件和垫片都完好。对于使用腐蚀性化学品的机器，必须注意对密封件的维修。腐蚀性材料能很快毁坏润滑油。另外，润滑油及其添加剂对于内燃机零件也必须尽可能没有

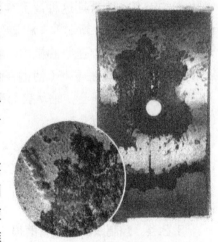

图3.11　润滑剂必须能防止水和酸性
产物引起的腐蚀

腐蚀。使用含抗腐蚀添加剂的优质润滑油和保持低氧化和低污染水平，尤其是水污染，也可控制金属的腐蚀损坏。

（1）防锈特性。高质量的润滑油产品绝不能含任何能使铁质金属生锈的物质。此外，润滑油应含合适的抗锈剂，通过提供对侵入的水和机器工作过程中形成的酸

有阻挡作用的膜，来控制锈蚀发生。可以用GB/T 11143锈蚀特性试验确定润滑油的防锈能力。对于蒸汽涡轮机，ASTM D3603试验的分辨力更好些，因为它能对全流和准静止状态下油对水平表面和垂直表面的作用做出独立评价。

（2）铜腐蚀特性。某些原油含有硫化合物，这些化合物对铜有腐蚀作用。在精炼高质量润滑剂过程中，大部分的硫化物被清除了。但某些类型的润滑油中添加了硫基乳化剂或极压添加剂，从而可能对铜零件产生腐蚀。此外，硫普遍存在于工业和船舶用柴油中，很可能会进入曲轴箱和活塞–缸套润滑油中。如果发生了意外铜腐蚀，油的氧化和水污染又得到有效控制，油本身可能就是腐蚀源。润滑油的铜腐蚀特性可用ASTM D130试验法确定。

总之，控制工业机器发生锈蚀和腐蚀的最好方法是遵从良好的润滑管理技术，包括如下：

（a）只用规定的、含有所要求抗腐蚀和抗锈蚀添加剂的润滑剂。

（b）始终维持低的氧化和污染水平，特别是燃油、酸性副产物、工艺过程用活性化学品或水等污染。

（c）除非OEM或大修承包公司推荐，不要使用抗磨或极压添加剂。

（d）使用过滤器和修复设备不断降低润滑油中水和酸的含量。该过程能延长油的使用寿命，降低润滑成本。

（3）铅腐蚀特性。某些润滑剂配方在有铜出现时会引起铅腐蚀，铜在其中起催化剂作用。虽然这不算一个普遍性问题，但在铜较多的新机器中的确可能发生，特别在新的铜零件跑合期这种情况容易发生，例如铜热交换器或散热器芯。铅（如存在于轴承材料中）、新铜零件和某些润滑剂配方一起为铅腐蚀反应提供了条件。

例如，在大型中速柴油机中，主轴承和连杆轴承上不再采用全铅涂层。当铜零件适应了所用润滑油环境（使铜表面附着抗腐蚀添加剂）时，铅腐蚀问题会减少。但不应使用那些可能会使轴承表面和衬套表面失去铅或巴氏合金层的润滑剂。

美国联邦试验法FTM 791–5321提供了一种测试润滑剂配方是否有铅腐蚀倾向的方法。购买新配方油时，可尝试使用该方法。

3.2.4 控制摩擦和黏着磨损

所有零件的摩擦面在工作期间都会磨损，因此需要润滑保护。常发生于冷启动、短暂过速和过载时，且多为黏着磨损。这种磨损可在润滑膜不足以支撑载荷的任何时候发生。工作载荷和速度不大时，黏着磨损通常很轻微。但对在重载和高速情况下工作的机器，黏着磨损会比较大（图3.12）。

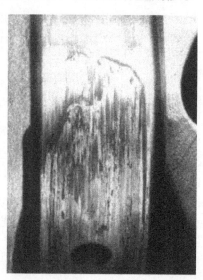

图3.12　润滑不良引起黏着磨损

很多工业机器不需要特殊的抗磨或极压保护。正常磨损可以通过选择黏度和黏度指数合适的抗锈蚀和抗氧化油控制。这时，油的润滑性和机器的运行特性恰好匹配。

往复运动机械和高载荷机器的工况比较严酷，对黏着磨损也比较敏感。因此需要使用基础油与抗氧和极压添加剂良好搭配的润滑剂。其中的添加剂会在高机械应力区形成边界膜，防止严重黏着磨损发生。载荷较高的机械，如重载齿轮、螺旋传动副、凸轮和阀系零部件可能也需要防卡死或摩擦改进剂，以防擦伤。注意，抗磨和挤压添加剂材料对金属有腐蚀性，一般只有在OEM推荐的地方才使用。

3.2.5 维持氧化稳定性和中和酸

所有的机械用润滑油和润滑脂都会从第一次使用的那一刻起开始氧化和降解。润滑剂与大气中氧接触会形成酸副产物，而且润滑剂的使用寿命也和这些酸的量成反比。良好的氧化稳定性是润滑剂的关键要求之一，也是估计润滑剂剩余使用寿命的重要因素。

润滑剂的氧化速度基本随时间而变，但高温能使氧化过程加速。一般，当温度超过机器的正常工作温度（60~100℃）时，温度每上升10℃，石油基润滑油的氧化速度就会增加一倍。此外，污染物（如水）和催化剂（如铜）的出现，都会加速润滑油的氧化速度。

氧化物常常指不溶性胶质、油漆和油泥，或者可溶性有机酸和过氧化物。一些这种物质会析出在热的零件表面，从而降低机器的冷却效率并增加机器的温度。另一些则会溶解在润滑油里，增加润滑油的黏度，降低其性能。

润滑油的氧化产物一般为酸性，当累积到一定程度时就会对油和机械零件产生危害。正常工作期间，酸性副产物带有一定的电荷（一般比较低且相当均匀）。这些非常小的颗粒之间的正常吸引力也是油中油泥逐渐产生和堆积以及油漆沉淀于接地表面的部分原因。

因为所有的润滑油和液压油都会发生氧化降解，选择合适的新油对于换油期的延长就很重要。可以使用下列方法最大限度地维持油液的氧化稳定性和延长其可使用寿命。

（a）始终保持合理的机器工作温度。

（b）使水污染最小。悬浮或溶解的水是碳、氢、氧和其他油化合物之间发生反应的极好介质。使所有可能进水的地方都保持密封。在潮湿的地方，还要用过滤器除去从空气呼吸器处进来的空气所携带的水。

（c）周期性地用润滑油净化或再生设备去除酸副产物。

3.2.6 分散和悬浮积炭

在用润滑油和液压油通常含有大量的可溶和不溶固体颗粒（很小的颗粒和胶状副产物），这些颗粒物会降低润滑油性能和损坏机器系统及其零部件。这些碳质副产物，加上高温、高机械应力和污染物会导致多种沉积物，包括油泥、炭和油漆颗粒等。去除这些沉积物是改善润滑、提高零件和润滑油寿命的基本要求。

过滤和更换润滑剂能去除油中的油泥和会生成不溶性油漆的前期物质。但是，换油不能去除金属表面的油漆，也不能清洁油液流过的小间隙配合表面。工业机械的工作温度和载荷变化范围很大，一些需要特殊配方的润滑油才能减少油泥和沉积物，另一些使用没有任何特殊添加剂的润滑油就能很好工作，对这两种情况要区别对待。

（1）工业蒸汽和燃气涡轮机。工业蒸汽和燃气涡轮机所用的润滑系统载油量非常大（5600~95000L），而且所用润滑油都是防锈和抗氧化（R&O）石油基油。大油量和高流速不但抑制了油温和氧化速度，而且使生成油泥和油漆的前期物质的浓度很低。尽管蒸汽涡轮机的沉积物水平一般达不到燃气涡轮机和内燃发动机那么高，但它们确实存在（图3.13），并且也会给蒸汽涡轮机

图3.13 蒸汽涡轮机油箱中的油泥和油漆沉积物

带来问题。为了最大限度地延长润滑油的使用寿命，一般用电子或化学方法对油液进行补充过滤，以彻底消灭油泥和油漆堆积的可能性。

可以用SH/T 0565所述方法检查新防锈抗磨矿物油的油泥生成倾向。在用涡轮机油中的氧化水平较高，可用FT-IR法或ASTM E2412所述的方法检测。油酸和油生颗粒物的增多也说明油泥和油漆沉积物前期物质的形成。油酸可以用GB/T 7304试验法测定。电子颗粒计数器可以测量固体颗粒的含量。抗氧化水平的降低程度用SH/T 0910试验法确定。

周期性使用介质或电子过滤器能控制氧化物的水平和不溶性颗粒物。任何残留的酸都能通过周期性添加新油控制。如果润滑油的消耗太少，可以在添加新油前先放出少部分在用油（约20%）。研究表明，要可靠地终止氧化过程的进行，需要补充20%左右的新油。

（2）飞机和航空燃气涡轮机。飞机燃气涡轮机的推重比都设计得很大。由飞机燃气涡轮机演化的涡轮机也常用于一般工业。飞机和航改涡轮机的工作温度要比对应的内燃机或火焰式燃气涡轮机高得多，而且一般用特殊配制的多元醇酯润滑剂润滑。航空燃气涡轮机会经受高温和氧化产物或其他污染物累积产生的大量润滑油焦化物。严重时，炭和其他碳质颗粒会聚集在流道中阻止润滑油流动，引起发动机灾难性失效（图3.14）。

像石油基油一样，合成酯的分解会使损坏机械零件的酸副产物增加。可以用FT-IR、ASTM E2412法测定过量酯分解副产物和抗氧化剂损失情况，用GB/T 7304法确定酸度。

航空发动机的润滑油载量一般少于750L，所以周期性换油是去除酯分解副产物、焦化副产物和其他不溶物的优选方法。但多元醇酯润滑剂价格高，所以常用离子交换法或类似的过滤工艺对其进行再生处理。保持低酸度能大大降低沉积物。酯分解产物报警值很高或油的酸值上升时，一般会启动润滑剂修复。

涡轮机驱动轴失效

（3）往复式发动机和压缩机。内燃机对于高温区油漆聚集很敏感，如活塞裙部和活塞槽处。这些区域的油漆沉积会大大降低冷却能力，导致卡环和环密封不良。润滑油副产物和/或污染物产生的油泥会聚集在油道里，妨碍或阻止油的流动。必须使油泥产物很好分离并在润滑剂中保持悬浮状态，直到换油或更换过滤器时除去。

图3.14　严重油漆沉积导致涡轮机失效

降低润滑剂消耗是减少发动机内沉积物时应考虑的另一个问题。虽然添加润滑油会因为补充添加剂而得益，但燃烧室中多消耗的润滑油中的有灰成分会使火花塞变脏、增加压缩比和废气排放、产生对金属表面有害的热点。

往复式燃气压缩设备对于活塞和活塞环处油漆的堆积也比较敏感。对内燃机而言，油漆在这些区域的堆积会降低冷却效率，并导致卡环和/或密封不良（图3.15）。氧化产物和/或其他污染物也会促进油泥的形成，妨碍或阻止润滑油的流动。必须使油泥的前期生成物处于悬浮状态，直到换油和/或过滤时除去。

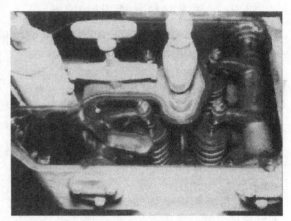

图3.15　发动机顶部污染物沉积降低内燃机性能

为了减少沉积物形成的可能性，往复机械用润滑油通常需要无灰清净剂和分散剂，以防炭聚物形成。清净剂的作用就是使不溶性副产物和其他污染物脱离零件表面并悬浮在油中。清净剂化合物类似于家庭用的清洁剂，但是油溶的，而非水溶的。这些化合物同样能：

（a）使高温油漆和沥青沉积物的形成最少。

（b）提供中和酸性副产物所需的碱储量，即提供一种防止腐蚀的途径。

分散剂通过使炭和油泥的前期低温生成物等更均匀地分散在油中而使往复机械更清洁。对于频繁启停和积炭水平高的柴油机和汽油机，分散剂非常重要。为了改善洁净性和降低废气排放，在燃油中也添加分散剂。此外，因为燃烧时不会形成明显的炭粒，无灰洁净剂和分散剂还能减少沉积物的形成。

现代往复式机械润滑剂配方所用的洁净剂和分散剂通常为钙、钾、锌、钠和钡等元素的化合物。这些油的生产商在生产新油时，常使用GB/T 508 灰试验法或GB/T 2433所述方法粗略测量新油的洁净剂含量水平。但这些试验方法对于已用油不可靠，也不能用于含镁或硼的洁净/分散剂的油。

确定某型新油是否可以代替某台往复式机械的在用油或确定该新油在这台机器中的性能，已经超出了大部分机械所有者或维护者的能力范围。所以，遵从OEM关于往复机械润滑油的使用要求，在出现润滑问题时，不轻易改变润滑油的牌号、类型或级别很重要。应该在更改油液类型之前先查清问题的实质和原因。盲目更换牌号或类型会带入新的不确定因素，增加监测数据的解释和故障分析的难度。如果出现了油泥和油漆，先用FT-IR分析一下积炭、氧化、氮化和硫化的趋势。如果这些参数的水平和趋势超过警戒线，就说明有必要进行化学或电子过滤或换油。

（4）小型工业设备。小型工业机械如泵，不会有严重的油泥或油漆沉积问题。控制这类机械污物沉积问题最好的方法就是周期性地用化学或电子过滤系统对润滑油进行处理。通过周期性的颗粒计数、FT-IR和碱值分析，可知是否需要进行化学或电子过滤。

3.2.7 控制磨粒磨损和冲蚀磨损

磨损也可由润滑油中夹带的硬颗粒物，例如沙粒、灰尘或大的磨粒对机械金属表面研磨和冲蚀而产生。当硬的颗粒进入到摩擦面之间时，就会发生磨粒磨损。除此之外，高速润滑剂能使硬颗粒对油路或油管内表面产生冲击，引起冲蚀。这种形式的损坏在进油口处和油路或管件90°转弯处最为严重。

新油本应不含硬质颗粒物，但强烈建议使用前对新油过滤。大多数机械的油隙容许少量粒度小于此间隙的颗粒通过。但是，源于机械使用环境的较大硬质颗粒会造成严重的磨粒磨损和冲蚀磨损损坏，如图3.16所示。这些颗粒物可从失效的空气呼吸器或打开的盖子处侵入。油润机械的平均失效时间与油液的污染度成反比，即油液污染愈轻，机械工作时间愈长。所以，控制磨粒磨损和冲蚀磨损的最好方法就是保持空气和油过滤器的正常工作和确定合理的换油和洁油周期。换句话说，就是油液愈清洁，设备两次损坏之间的时间间隔就愈长。

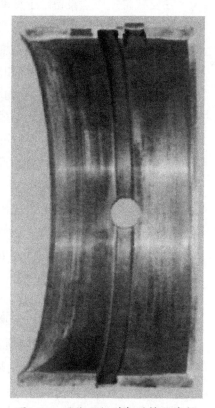

图3.16　固体颗粒引起的擦伤磨损

3.2.8　抑制成泡和乳化

过度成泡会减小润滑油在轴承和齿轮承载处的有效黏度，降低润滑油的润滑性和承载能力。成泡是由卷入润滑油中的空气引起的。优质润滑油应能有效释放卷入的空气，不会产生过多气泡。当润滑油需要频繁工作并且/或搅动量很大时，通常在润滑油中加入抗泡剂，以缩短释放空气的时间，降低其成泡的可能性。可以用GB/T 12579成泡特性试验方法和SH/T 0308空气释放特性试验确定工业润滑油的成泡特性。

油-水乳化液是很差的润滑剂。高度精炼的石油基润滑油受水污染后一般不易乳化，静置时，油和水会分开。但是，循环泵和其他零件工作时能使油和水形成乳化液。这取决于流速和油箱的大小，润滑油也可能在工作过程中没有足够的"静置时间"使两相分开。对于这样的系统，润滑油可能就需要破乳剂减少水-油形成乳化液的倾向。水的分离性或润滑油的乳化性可以用GB/T 7305或GB/T 8022试验法确定。此外，一些机械的润滑油受水污染后会变浑油，这时使用传统的目视法能很快确定油中是否有水存在。

3.3　润滑油的类型

选用正确的油是首先要考虑的问题。所选的油必须符合机械零件的工况需求，并保护油润零件免受过度磨损、腐蚀、氧化和积炭堆积。除了基本的润滑剂特性外，化学添加剂应能在具体的机械系统中起其他保护作用。一部机器可以用多种油，但这并不是说这些油的基础油和添加剂是相同的。事实上，润滑油的化学组成相差会相当大，之间也可能不相容。所以有必要了解每种油的关键特性，并保证对于给定对象使用正确的润滑油。

因为对质量和性能的要求不同，所用润滑油可能是用不同类型的基础油调和而成的。按美国石油研究院（API）的分法，润滑油基础油按制造工艺和饱和烃含量、硫含量及黏度指数分为五类：API Ⅰ类、API Ⅱ类、API Ⅲ类、API Ⅳ类、API Ⅴ类。

3.3.1　API Ⅰ——蒸馏/溶剂精炼石油基润滑油

石油基润滑剂（API Ⅰ类）由原油精炼产生的复杂碳氢混合物组成。原油的来源不同，所得的基础油特性也各不相同（图3.17）。Ⅰ类基础油是原油经过常压蒸馏和真空蒸馏后再进行溶剂抽提和去蜡工艺获得的。所得到的烃含直链和支链烷烃、环烷烃和芳香烃。每

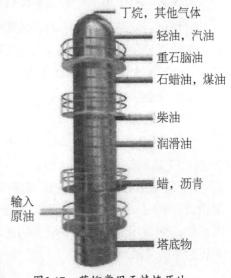

丁烷，其他气体
轻油，汽油
重石脑油
石蜡油，煤油
柴油
润滑油
蜡，沥青
输入原油
塔底物

图3.17　蒸馏常用于精炼原油

种基础油都是去除部分原有成分后剩下的、具有所要求性能特性的原油组分。但基础油一般都保留少量的硫和其他化合物。润滑油所需的附加特性由添加剂提供。

（1）石蜡基润滑油。石蜡基润滑油的特点是其分子呈饱和线状烃链结构，如图3.18所示的正己烷分子。烷烃有下列突出特点：

（a）黏度指数高；

（b）含量高；

（c）倾点和浊点高；

（d）氧化和热稳定性好；

（e）毒性小。

石蜡基基础油通常用于制造曲轴箱和涡轮机油、齿轮油和液压油。

图3.18　石蜡基润滑油分子结构

（2）环烷基基础油。环烷基基础油的特点是含饱和环烃结构，如图3.19所示为环己烷分子。环烷基油有以下突出特点：

（a）黏度指数小；

（b）蜡含量低；

（c）倾点和浊点低；

（d）氧化和热稳定性差；

（e）毒性较大。

环烷基基础油通常用于制造润滑脂和压缩机油。API规定第Ⅰ类基础油的硫和饱和烃的重量百

图3.19　环烷基润滑油分子结构

分比含量分别大于0.03%和低于90%。第Ⅰ类基础油的黏度指数通常在80~120之间。

3.3.2　API Ⅱ——加氢裂化石油基润滑油

与精炼石油基润滑油不同，氢裂化（加氢处理）基础油（第Ⅱ类基础油）通过在去蜡前后使蒸馏瓦斯油残油与氢反应而成。这样生产出来的基础油产品的芳香烃和其他杂质的含量较少。第Ⅱ类基础油有下列特点：

（a）黏度指数较高；

（b）氧化稳定性得到改善；

（c）热稳定性提高，挥发性降低；

（d）低温流动性得到改善。

API规定第Ⅱ类基础油的硫和饱和烃的重量百分比含量分别≤0.03%和≥90%，黏度指数在80~120之间。用第Ⅱ类基础油调和的润滑油氧化稳定性较高，使用寿命得以延长，使通用润滑油和润滑脂的性能得到改善。但第Ⅱ类基础油的添加剂溶解能力较第Ⅰ类基础油弱。

3.3.3 API Ⅲ——严重加氢裂化石油基润滑油

严重加氢裂化油（第Ⅲ类基础油）与第Ⅱ类基础油的区别在于基础油形成过程中加氢的程度不同。严重加氢裂化油需经历多重过滤、氢处理和/或异构化工艺。所得超纯基础油的下列性能得到进一步改善：

（a）黏度指数高；

（b）氧化稳定性改善；

（c）热稳定性提高，挥发性降低；

（d）低温流动性增加；

（e）抗乳化性改善；

（f）毒性很低。

但因芳香化合物和硫化物降低，使得：

（a）添加剂的溶解性降低；

（b）分散性降低；

（c）极压特性降低。

API Ⅲ类基础油定义为硫和饱和烃的重量百分比含量分别为≤0.03%和≥90%，黏度指数大于120。严重加氢裂化基础油的成分已接近纯净，性能也与合成烃相当。为了改善对添加剂的溶解性，这类基础油中也保留了一些杂质。第Ⅲ类基础油主要用于生产高性能曲轴箱油、齿轮油和特殊润滑脂。

3.3.4 API Ⅳ——合成聚α烯烃

API第Ⅳ类油包括所有的聚α烯烃（PAOs）。这些基础油是用称为"α烯烃"的烃分子制造的，例如α癸烯。通过对α烯烃极化，形成长烃链基础油，其黏度可达3000mm^2/s。因为PAOs是人工制造的，所以本身不含芳香烃、硫化物、氧化物和氮化物。相对于矿物基油，这类油有以下特点：

（a）黏度指数高；

（b）氧化稳定性高；

（c）热稳定性更高，挥发性低；

（d）低温流动性好。

然而因为缺少芳香烃和硫化物，这类油的下列性能比较差：

（a）对添加剂的溶解性较低；

（b）分散性较差；

（c）密封件膨胀性较差。

第Ⅲ类和第Ⅳ类基础油一般需要其他化学品改善其对添加剂的溶解性，如酯。聚α烯烃通常用于调和高性能燃气涡轮机油、曲轴箱油、齿轮油和特种润滑脂。

3.3.5　API V——合成酯、二酯、乙二醇等

高性能燃气涡轮机和工业液压机的工作温度常常很高，使石油基润滑油很快氧化和降解。这些机器需要在高温下能有效工作或阻燃的特殊合成润滑油。API将所有没有包含在第 I 类～第 IV 类的基础油都归于第 V 类基础油，包括各种酯、二酯、植物油、乙二醇、聚乙二醇等。

（1）合成酯及二酯。与石油基润滑剂不同，合成酯不是原油组分，而是为了获得满足特殊机器用途而用特殊化合物进行化学反应制得的具有特殊性能的润滑剂。多元醇酯润滑剂是通过使几种不同的酸与乙醇反应生成特殊的酯而得到的。这些基础油根据需要用抗磨、抗氧化和其他添加剂增强，以满足所需的性能需求。酯基润滑剂的特性在很多方面与石油基润滑油不同。

多元醇酯主要润滑涡轮喷气发动机、涡轮风扇发动机、涡轮发动机和其他航空燃气涡轮机（图3.20）。这些油的黏度范围为100℃时3~7.5mm²/s，黏度较高的用于涡轮发动机中承受载荷较大的齿轮。因为闪点和燃点高，多元醇酯还用于高温液压系统，因为与环境友好型冷冻气体的易混性好，它们还用在冷冻和冷水压缩机中。多元醇酯基础油有以下特点：

（a）黏度指数高；

（b）氧化稳定性好；

（c）高温稳定性非常好；

（d）挥发性很低；

（e）闪点和燃点很高；

（f）与环境友好型冷冻气体可混性好；

（g）低温流动性好。

图3.20　飞机燃气涡轮机采用多元醇酯润滑剂

但是，多元醇酯基础油在有水存在时会慢慢水解，并且与氯丁橡胶不相容。酯的稳定性比类似的矿物润滑油也差一些。多元醇酯通常视需要用抗磨、抗氧和其他添加剂增强以满足特殊场合的特殊需求。

为了生产特殊用途的基础油，如三芳基磷酸酯，一般使用天然气原料按配方生产磷酸酯。磷酸酯润滑油和液压油有以下特点：

（a）氧化稳定性好；

（b）高温稳定性很好；

（c）承载能力极高；

（d）抗燃性良好。

但是，磷酸酯有黏–温特性差，密度高（对泵功率要求高）的缺点。像所有其他的酯基润滑剂一样，磷酸酯有水存在时容易水解，需要使用不同的弹性密封件。另

外，如表3.1所示，磷酸酯的性能特性随生产所用材料的不同而变化。它们还表现出与石油基油不同的特性，通常用于满足某些特殊的用途，如电液控制或某些燃气或蒸汽涡轮机。这些材料一般代替石油基油用于高温工业和发电涡轮机的润滑。

表3.1　磷酸酯的特性

磷酸酯的类型	抗燃性	氧化稳定性	水解稳定性	空气释放性
磷酸三（二甲苯）酯	好	好	优	优
磷酸三丁基苯基丁酯	好	优	差	中
磷酸三异丙酯	中	中	中	中

（2）乙二醇和聚乙二醇。因为水优异的抗燃性，乙二醇和聚乙二醇的水混合液（PAG）长期以来用作传热介质和液压液。这些材料的黏度范围很广，适合用作特殊润滑剂和增黏剂。它们具有：

（a）良好的黏-温特性；

（b）良好的热稳定性；

（c）良好的水解稳定性；

（d）良好的润滑性；

（e）很高的闪点和燃点；

（f）优异的生物可降解性和低毒性。

但与矿物性油相比，PAG有以下不足：

（a）氧化稳定性差；

（b）高温稳定性差。

由于物理化学特性可控，聚乙二醇除了用作液压液和热传导液之外，还有着广泛的工业用途，如钻削润滑剂、压缩机润滑剂、齿轮润滑剂和食品加工设备润滑剂。

3.4　润滑剂添加剂

机器工作时的功率值、负载循环、温度以及工况会在很大范围内变化。因此，润滑剂有很多不同的、有时甚至是矛盾的功能。所有这些功能必须能有效地发挥作用，并有助于润滑剂的总体性能。高性能机器所需润滑剂应具备的性能一般是基础油所不具备的。除了具有基本特性外，大多数润滑油和润滑脂还含有特殊的添加剂包，以增加其使用寿命并提供其他性能特征，如改善流动性、氧化稳定性、极压特性和高温特性等。这些特性中任何一个的取得都不能以损害另一个为代价。使用正确的润滑油或润滑脂是设备使用者首先要考虑的问题。所用的润滑剂必须适用零件的工作要求，保护运动零件不发生过度磨损、腐蚀、氧化和积炭。

3.4.1　抗泡剂

润滑油发泡是过量气体混入的征兆。泡沫可以认为是油膜包裹着的密集气泡。由于其密度较低，可以悬浮在油液的表面。有成泡倾向的油发泡时其润滑能力和氧化稳定性都会降低。抗泡剂通过降低油液表面张力并释放泡内气体起作用。抗泡剂工作时包围气泡，使气泡壁变薄直至最终破裂。抗泡剂有聚硅氧烷、聚丙烯酸酯等表面活性剂。对于黏度指数大于150的油，成泡倾向性较低，因为相对于同黏度的低黏度指数油，它们中的空气量不到后者的50%。

硅基抗泡剂难于均匀分散在油中。在充分搅动后，气泡之间容易发生碰撞、破裂并释逸出油液。硅添加剂的浓度一般是10×10^{-6}，但有时也高达100×10^{-6}。在无湍流系统里，硅基添加剂则是有害的。事实上，来自于密封件和垫片的硅也是有害的。硅化合物的密度比油高，一旦黏附在气泡表面上之后就会使它们上升的速度减慢。油中浓度低于1×10^{-6}的硅就能增加空气的夹带量。

在无湍流的系统中，聚丙烯酸酯添加剂不会增加空气的夹带量。但在有其他添加剂存在的情况下，特别是黏度指数改进剂，聚丙烯酸酯会增加油中空气的夹带量。此外，这些化合物对污染物很敏感，在短期内可能失效。

3.4.2　抗氧化剂

由于润滑油在使用过程中会形成氧化降解副产物（如酸），所以良好的氧化稳定性是对润滑剂的关键要求之一。氧化物会腐蚀设备零件，使油液变稠并降低其润滑性。在大多数润滑油和液压油中，用抗氧剂控制油的氧化速度。

抗氧剂起自由基清除剂的作用——通过与氧化物（自由基）和金属催化剂结合而使其变无害。很多调合润滑油在利用两种不同抗氧剂之间的协同作用增加油液的氧化稳定性，如酚胺和芳香胺。酚和胺化合物是主要的抗氧剂，能中和多种自由基。其他的抗氧化合物是通过终止氧化反应起作用的。这些化合物为硫化物、磷化物或硫代磷酸盐，例如二烷基二硫代磷酸锌（ZDDP）。使油液不含酸性副产物能极大地降低油和添加剂氧化的速度。一般，通过在系统中安装可以清除氧化产物的净化装置可以改善抗氧剂和油液的性能。

3.4.3　抗磨剂

抗磨添加剂能与金属表面发生反应而生成保护性低摩擦膜。物理吸附膜一般只有一个到几个分子厚，在低温下吸附于金属表面。当温度升高时，添加剂与摩擦表面形成化学吸附，产生比物理吸附引力强得多的化学键。而在更高的温度下，会形成聚合或低聚膜。在高速冲撞情况下，如在边界润滑条件下发生的那样，薄边界膜被磨去而代之以添加剂膜，使金属表面得到进一步保护。

最为常见的抗磨剂包括二烷基二硫代磷酸锌（ZDDP）、三甲基磷酸盐（TCP）

和其他含磷化合物。在边界润滑条件下，这些添加剂材料能形成稳定的无机膜（磷酸锌、磷酸铁等）。对环境问题的考虑迫使润滑剂生产企业减少润滑油和液压油中磷和硫的含量。解决这个问题的一个途径是利用ZDDP和有机钼化合物之间的协同效应，减少润滑剂对ZDDP的需求量。

3.4.4 腐蚀抑制剂

腐蚀是油中污染物或降解产生的酸性副产物对金属表面的化学破坏。腐蚀是由设备起停（温度）循环和（或）水污染物侵入所夹带的大气氧和水蒸气引起的。盐水会产生严重腐蚀。脂肪胺或短链酸是典型的抗腐蚀剂，它们会建立起防止腐蚀反应的物理屏障：

（a）以对金属表面有亲和性的极性化合物形式出现，优先润湿金属表面，阻碍水与金属表面接触。

（b）以疏水层（化学吸附的单分子层）形式出现，同样防止水和氧接触金属表面。

腐蚀抑制剂包括二硫代磷酸金属、金属硫酸盐、噻二唑类、硫化萜烯等。抗腐蚀剂与其他吸附于金属表面的添加剂形成竞争，例如，抗磨和EP添加剂。润滑剂的调合很复杂，为了满足特殊性能必须按配方生产。润滑油制造者要考虑不同化合物之间可能有的化学反应。因此，当给设备补加油时应非常谨慎。有怀疑时，最好使用与在用油类型完全相同的油。不能将不同类型的油混在一起使用。

3.4.5 清净剂和分散剂

容易生成积炭、氧化产物或其他颗粒物的润滑油需要用清净剂防止油泥成团。清净剂可使不溶性产物和其他污染物在油中处于悬浮状态，脱离零件表面。此外，清净剂还能使对机械零件有破坏作用的高温油漆和沥青质沉积物最少。悬浮的颗粒可以通过过滤系统和周期性的换油过程被排出系统。作为润滑油添加剂的清净剂与家用清洁剂类似，但它们溶于油而非水。

分散剂通过使炭和其他油泥沉积物的低温前期生成物均匀分布于油中，使零件表面保持清洁。对于频繁起停和积炭较高会减少油和发动机使用寿命的柴油和汽油发动机，分散剂至关重要。分散剂还被加在燃油中，以改善洁净性和降低废气排放。

清净剂和分散剂还能提供碱储量，中和氧化和燃烧产生的酸性副产物。所提供的碱与酸性副产物和污染物反应，有腐蚀保护作用，而且使阻塞油路降低油流量的碳质油泥沉积物减少。清净剂和分散剂都是由长链烃尾（亲油的）和极性端（图3.21）组成的，它们共同作用，使燃烧产物和其他不溶性污染物变无害。

清净剂分子的极性端一般是磺酸盐、酚盐、水杨酸盐或磷酸盐，并含金属阳离子，常常是钡、钙、镁、钠和锌。分散剂分子的极性端是氧或氮基而不是金属离子。这些化合物包括烷基丁二酰亚胺、琥珀酸酯、烷基丙烯酸聚合物等。

当它们进入油中时，极性端俘获小的燃烧产物或其他不溶物颗粒（图3.22）。较大的颗粒或团粒会被几个分子包围，在所谓的"胶溶"过程中形成胶囊（图3.23）。长链烃分子的尾部使所俘获的颗粒处于"溶解"状态。这一过程使刚刚形成的颗粒悬浮在油中，防止它们结团成大的颗粒，演变成油泥或覆盖在零件表面的油漆。没有清净剂和分散剂的保护，发动机油很快会因为油泥而变稠。此外，诸如活塞头、活塞环、阀和排气口等零件也会出现厚厚的硬的油漆沉积层。

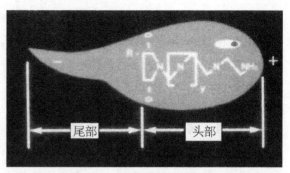

图3.21　清净剂分子示意图

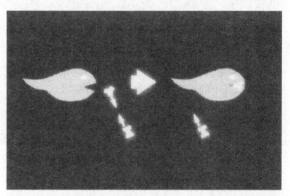

图3.22　清净剂能溶解细小的不溶性颗粒

3.4.6　极压（EP）添加剂

添加EP剂是为改善重载齿轮油和液压油的性能而开发的。添加剂会与机器零部件表面金属发生反应并形成一层薄牺牲膜。此膜在机器正常工作过程中会被磨去，但又不断地由油中新鲜的EP添加剂生成。此膜比零件表面金属的剪切强度低。因此，滑动摩擦将大大降低，严重黏着磨损也

图3.23　清净剂通过形成胶囊溶解大的不溶性颗粒

会减少或消失。所有的EP剂都会与它们所保护的表面产生化学结合，并对其有"腐蚀"作用。

EP油只应用于绝对需要有效润滑的地方。EP添加剂一般是磷化物或硫化物，如烷基硫化物或磷化物、氯化脂肪油或石蜡等。EP添加剂能使润滑剂保护零件表面，防止严重黏着磨损作用最大化，同时使零件表面受污染物腐蚀的速度最小化。这些化合物的性能可用摩擦磨损试验机确定，如四球机和销块试验机。

3.4.7　摩擦改进剂

摩擦改进剂或油性剂能改善润滑剂的摩擦特性。这些化合物对金属有很强的吸

附性，通过在两个表面之间形成屏障而降低摩擦和减少磨损。摩擦改进剂，如二硫化钼、脂肪酸和石墨粉能改善承载能力，防止零件表面擦伤。这些化合物能将摩擦表面隔开，在从启动到正常承载的过渡阶段，使摩擦副处于低摩擦和高承载能力状态。

3.4.8　倾点改进剂

该添加剂通过减少蜡晶体的形成改进润滑剂的低温流动性，蜡晶体的作用类似于能吸收油的海绵。蜡晶体对油的吸收将最终导致油流动的停滞和设备的损坏。降凝剂是聚合物或链烷烃，可吸附于急冷期间形成的蜡晶体表面。通过在单晶体上的吸附阻止其进一步长大，防止了较大晶体的形成。倾点拟制剂包括聚甲基丙烯酸酯、聚苯乙烯酯、烷基硅酸盐等。

3.4.9　防锈剂

生锈是铁或钢表面的氧化现象，由大气中的氧和水蒸气引起。盐水会极大地增加生锈的倾向性。防锈剂包括金属磺酸盐、烷基胺、脂肪酸、酸性磷酸酯等。

3.4.10　黏附剂

黏附剂用于重型齿轮油，以增加油对金属表面的吸附能力。聚丙烯酸酯、聚丁烯的化合物能够改善油液在金属表面的保持力，减少滴漏和飞溅。

3.4.11　黏度指数改进剂

对于许多机器有必要使用多级润滑油，此油能在最低的工作温度下有足够低的黏度而正常流动，但在最高的局部零件温度下又能足够稠，以提供适当的润滑。黏度指数表示黏度随温度变化的稳定程度。为了保证在各种温度情况下有适当的黏度（和润滑性能），在润滑油中加入类似于聚甲基丙烯酸酯的长链聚合化合物，以改善油的黏度指数。例如，在低温时，长链聚合物保持其密绕螺旋状，这时它对油的总体（表观）黏度影响最小。随着油温升高，聚合物螺旋伸展以改善油的温度稳定性——使其表观黏度在使用温度范围内大体保持稳定。

3.5　润滑剂的特性及其试验

现代润滑剂与很多不同化合物和燃烧或其他过程产生的颗粒接触时，应能够在很大温度和应力范围里有效工作。要详细说明或证明某润滑剂适用于某个具体的用途，需要很好地了解该润滑剂的许多重要特性、用途和测量方法。每种不同设备所需油液的性能需用一系列标准试验确定。

3.5.1 苯胺点

烃类润滑油具有引起橡胶件（管道和密封材料等）膨胀的倾向。苯胺溶解温度是测量油液与橡胶相溶性的简便方法。此法说明它们之间呈反向关系，即橡胶膨胀的倾向性越大，油液的苯胺点越低。芳香族环烃含量高的油对苯胺的溶解度最大，因此苯胺点也最低。环烷、石蜡和烯烃基油对苯胺的溶解度表现为中等，因此苯胺点中等。苯胺点用GB/T 262试验确定（图3.24）。

GB/T 262试验中，将一定量的苯胺和油样放进一根管中进行机械搅拌。对混合物加热，直至两相完全混合。然后，在可控速率下对混合物冷却。苯胺点就是混合物开始分

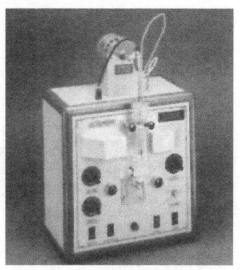

图3.24 苯胺点试验装置

为二相时的温度。该苯胺点试验可用于确定润滑剂和橡胶零件的相容性，如弹性软管、密封件或垫片。

再现性：0.5~1.0℃。

可重复性：0.16~0.3℃。

有害物：苯胺（剧毒物）；庚烷（易燃，有害）。

适用范围：蒸汽、水和工业燃气涡轮机油。

3.5.2 防锈性

铁合金是机械结构中使用的主要金属。纯净的金属与空气和水蒸气的任何接触都将产生锈蚀。因此，必须保护机械内表面不与润滑剂携带的或自由的水蒸气相接触。除表面受到损坏外，锈蚀颗粒会促进油液氧化，引起磨粒磨损，阻塞油路和过滤器，损坏敏感元件，如伺服阀等。润滑油的防锈保护能力按GB/T 11143确定（图3.25）。

（1）GB/T 11143防锈性试验。本方法用于确定润滑剂中为防止铁质金属零部件与

图3.25 防锈性试验装置

润滑剂或液压油中水接触时发生腐蚀而加入的抗锈蚀剂的能力。测试装置由一抛光的钢圆桶组成。将圆桶在预先准备好的测试液（由300ml油和30ml蒸馏水组成）中浸泡24h，试验温度为60℃。根据时间结束时对锈蚀的观察，报告测试结果为通过或不通过。

再现性：N/A。

重复性：N/A。

有害物：石脑油；异辛烷（有毒，易燃性）。

适用范围：加抗氧剂的汽轮机和水轮机油。

（2）ASTM D3603防锈性试验。本方法为改进型方法，用于测铁质金属零件与润滑剂或液压油中的水污染物接触时抗锈蚀添加剂的防腐能力。该试验评价水平面和垂直面发生锈蚀的可能性。试验装置主要由抛光的钢棒和盘组成。测试中，将试件浸没在预先准备好的275mL润滑剂试样和25mL蒸馏水中6h。测试结束时，观察锈蚀情况，以通过或不通过报告试验结果。

再现性：N/A。

重复性：N/A。

有害物：铬酸（腐蚀性，致癌）；溶剂油（有毒，易燃性溶剂）；石油溶剂（易燃）；异辛烷（易燃）。

适用范围：加抗氧剂的汽轮机和水轮机油。

3.5.3　灰分

现代内燃机需要润滑剂组成中含金属清净剂和分散剂，以减少含碳沉积物和油泥。最常见的清净与分散添加剂就是钙、镁、钾、锌、钠和（或）钡化合物。在新油调合中，灰分或硫酸灰分试验常用于粗略测量其清洁水平。

对于含镁基清净剂和硼基分散剂的油，硫酸灰分测量结果不可靠。对已用油所做的灰分测量同样也不可靠。首先，试验结果除包括添加剂化合物外，还包括污染物化合物；其次，添加剂化合物在使用过程中会发生化学反应，但灰残留物中的体积组分可能会仍以类似于新油的浓度出现。该试验不区分已消耗的和剩余可用的添加剂。

（1）GB/T 508石油产品灰分试验。测量灰分最简单的方法是GB/T 508灰分试验（图3.26）。试验中，润滑剂的灰分为一定量润滑油在800℃燃烧10min所留下的不可燃固体物的量。此灰包括金属添加剂和诸如磨损金属和尘土等的污染物。

再现性：0.005%~0.024%（灰的质量分数）。

重复性：0.003%~0.007%（灰的质量分数）。

有害物：2-丙醇（有毒，易燃，易爆）；甲苯（易燃，毒剂）。

图3.26　灰分试验装置

适用范围：燃油、原油、润滑油。

（2）GB/T 2433润滑油和添加剂的硫酸盐灰分试验。GB/T 2433硫酸盐灰分试验是确定灰分的改进方法。在此法中，样品燃烧到只剩下碳残留物和金属灰。对残留物用硫酸进行处理，重新加热和称重。硫酸灰分试验表示新调合油中金属基添加剂的浓度。对已用油的测量会受到磨损金属和某些污染物的干扰。

再现性：0.0021%~0.0267%（<0.1%灰的质量分数）；

0.084%~1.588%（>0.1%灰的质量分数）。

重复性：0.0005%~0.0066%（<0.1%灰的质量分数）；

0.036%~0.671%（>0.1%灰的质量分数）。

有害物：2-丙醇（有毒，易燃，易爆）；甲苯（易燃，毒剂）；硫酸（有毒，腐蚀）。

适用范围：新润滑油。

3.5.4　色度

润滑剂的颜色不能直接表示润滑特性，但颜色的变化的确意味着发生了化学变化或有污染物的出现。对润滑剂颜色的评定通常以其对光的透射为依据。常见的用于解释颜色的等级也基于此原理。颜色试验的基本假设是油液的颜色与其老化或精炼程度有关，任何颜色变化都是由老化或污染引起的。

GB/T 6540石油产品的颜色试验。该试验用GB/T 6540颜色计法确定石油产品的色度（图3.27），主要用于制造过程中的质量控制。该法比较油的透射光与一组受控条件下的标准彩色玻璃滑片的透射光（确定油液的颜色级别）。注意，某些新油为表明其特殊类别或状态，可能会添加染料。

图3.27　色度试验装置

再现性：1色度单位。

重复性：0.5色度单位。

有害物：煤油（可燃）。

适用范围：石油产品。

3.5.5　铜抗腐蚀性

大多数发动机和相关设备由轴承和其他含铜合金的零部件组成。因此，铜零件必须得到油液的适当润滑但不被其腐蚀。大多数原油含硫化物，其中一些对铜有腐蚀作用。在精炼高质量润滑剂过程中，腐蚀性硫化物被除去。但某些类型的润滑剂采用了硫基乳化或极压添加剂，这些添加剂对铜有腐蚀性。

GB/T 5096石油产品对铜片的腐蚀性试验。该试验用于确定润滑剂保护铜不受腐蚀的程度。试验中，将一定量体积的油放入可加盖的玻璃容器中，试验温度为125℃。将抛光的铜条试样沉浸于油中一定时间（通常为2小时），之后通过与标准色板比较，检查其生锈或腐蚀的程度（图3.28）。

图3.28 铜片抗腐蚀试验装置

再现性：N/A。

重复性：N/A。

有害物：异辛烷（易燃）。

适用范围：润滑油。

3.5.6 抗乳化性

高度精炼的石油基润滑剂有抵抗与水形成乳化混合物的倾向，在静置时趋于两相分开。但是，在受压的润滑油循环系统中，泵和其他零部件的作用会造成油和污染水形成乳化液。而且，系统工作时可能没有足够时间将油水二相分开。油乳化液是不良润滑剂。易于受到水污染的轴承、齿轮和液压系统需要抗乳化性良好的润滑剂，防止运动件发生严重磨损损坏。

ASTM D1401-02-石油润滑油的水分离性试验。本试验用于确定润滑剂的水分离和抗乳化性特性（图3.29）。试验中，将40mL油样和40mL蒸馏水放入一带刻度的圆柱形量筒内，在54℃下搅拌5min，以产生乳化混合物。分离能力（抗乳化性）用水/油两相分开时所花的时间确定。油水分离的进程每隔5min测量一次。

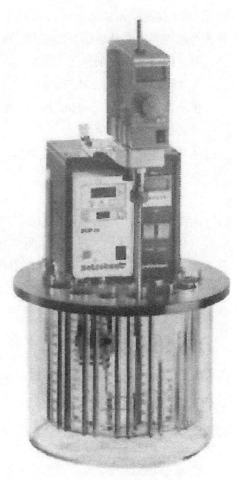

图3.29 水分离性试验装置

再现性：见GB/T 7305里的图1。

重复性：见GB/T 7305里的图1。

有害物：丙酮（中等毒剂，易燃）；石脑油（有毒，易燃）；热铬酸（腐蚀性，毒剂）。

适用范围：矿物油和植物油。

3.5.7 密度和比重

密度，即单位体积某种油液的质量，有时用于度量润滑剂组成的一致性或生产的同一性。密度同样被用作说明烃的类型或挥发性的一个粗略指标。在石油工业中，密度通常表示为15℃时千克·每立方米（kg/m^3）或千克·每升（kg/L）。

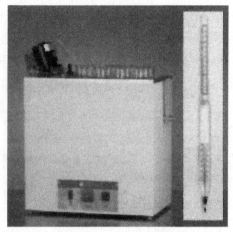

图3.30 比重测量仪

GB/T 1884液体石油产品的密度和比重试验。本试验确定石油和非石油混合物的密度、比重/API重度。该试验在可控环境下进行，并在合适的温度下从玻璃石油密度计读出所测值，并借助于标准表来修正（图3.30）。

再现性：密度（$1.2\sim1.5kg/m^3$）；比重（0.3~0.5API）。

重复性：密度（$0.5kg/m^3$）；比重（0.1~0.2API）。

有害物：易燃性溶剂。

适用范围：石油基和合成基础油。

3.5.8 闪点和燃点

闪点和燃点可用于度量润滑油的挥发性和易燃性。闪点是指有明火时，能引起油蒸气和空气的混合物闪烁的最低温度。燃点是指产生的油蒸气足以维持燃烧的最低温度。当为特定应用场合选择润滑剂时，润滑工程师主要关心的是评估在预想的运行和贮存条件下，发生爆炸或燃烧的潜在可能性。同样，还应考虑到润滑油被那些更易挥发的流体污染的潜在可能性，如燃油对发动机油的稀释，这会大大增加爆炸和燃烧损坏的潜在可能性。

（1）GB/T 3536克利夫兰开口杯法试验。该试验用于测定除闪点79℃以下所有润滑油产品的闪点和燃点。试验中，将一定量体积的油样放入试杯并加温（图3.31）。每隔一定时间，使火球掠过杯中油面上方，油面上方蒸气出现闪光的最低温度为闪点温度（换算为标准气压下温度）。

再现性：闪点18℃；燃点14℃。

重复性：闪点8℃；燃点8℃。

有害物：压缩可燃气体和明火。

适用范围：大多数润滑剂。

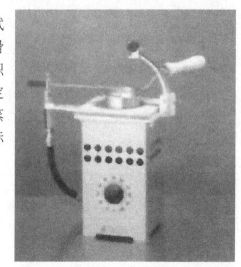

图3.31 克利夫兰开口杯法闪点测量仪

（2）GB/T 261彭斯基-马丁闭口杯试验。该试验用于更精确地测量润滑油产品的闪点。试验中，将一定量体积的油样放入试杯并加盖封闭。使油样温度逐渐上升，并每隔一定时间通过开门将火球探入到杯内液面上方（图3.32）。油样液面蒸气出现闪烁的最低温度为所测闪点（换算为标准大气压下温度）。

再现性：6~10℃。

重复性：2~5℃。

有害物：压缩可燃气体和明火。

适用范围：大多数润滑剂。

（3）GB/T 2129（西塔闪点）小刻度闭口杯试验。本测试用于更精确地测量所有润滑油产品的闪点温度（图3.33）。它

图3.32　彭斯基-马丁闭口杯法闪点测量仪

可测量闪点或在特定温度下闪烁的出现。向试杯注入一定量样品并加盖封闭，使样品升温。每隔一定时间使火球穿过快门降入杯内油液上方。将杯内油样蒸气闪烁时的最低温度用标准大气压修正，即得所测闪点。

再现性：1.5~12.4℃。

重复性：0.5~3.3℃。

有害物：可燃气体和明火。

适用范围：大多数润滑油。

3.5.9 成泡性

可靠的润滑油能快速释放其中的气体，不在油中持续形成气泡。成泡过多对于大多数机械润滑系统有害。油中气泡的害处如下：

（a）占据分离器和油箱体积，导致效率降低或失效。

（b）在过滤中造成气阻，导致乏油。

（c）使润滑油从气孔溢出，导致润滑油损失。

（d）由于气泡承载能力很弱，导致被润滑部件出现过分磨损。

（1）GB/T 12579润滑油的成泡特性试验。本试验提供在特定温度条件下润滑剂的泡沫特性的经验值。使已计量的干空气吹过浸入油样中的扩散器5min（图3.34）。报告结果为：在三次或更多次顺序吹气中，每次吹气结束时样品中泡沫的体积（mL）和稳定时间。

再现性：GB/T 12579里的图4。

重复性：GB/T 12579里的图3。

图3.33 小型闭口杯法闪点测量仪

图3.34 成泡性测量仪

有害物：甲苯（有毒、易爆、极易燃）；丙酮（中等毒剂、高度可燃）；2-丙醇（可燃，易爆）。

适用范围：大多数润滑油。

（2）SH/T 0308石油产品的空气释放特性试验。本试验确定润滑剂在受控温度下释放夹带空气的能力。用压缩空气吹入样品7min，记录油液释放所夹带的空气所需时间（图3.35）。用密度天平所得样品的密度测量值确定所夹带空气的值。

再现性：均方根的1.3倍。

重复性：均方根的0.5倍。

有害物：腐蚀性清洁试剂；庚烷（易燃）；丙酮（中等毒剂，高易燃）。

适用范围：涡轮机油、液压油和齿轮油。

3.5.10 水解稳定性

在机器的工作温度范围内，有水和铜零件时，可靠的润滑剂应当不水解。水解稳定性差会导致酸性副产物和不溶物形成，它们反过来会导致油泥和油漆的沉积以及铜和其他构成机械零件的金属析出。对于使用酯基润滑剂或液压油的设备，该特性特别重要。

SH/T 0301液压液的水解稳定性。该试验确定润滑油遇水和零件金属时抵抗水解倾向的能力。试验时，将75mL油样和25mL水以及铜试样装入一密闭容器内，在95℃下旋转48h（图3.36）。最终根据容器内液体中的不溶物量、酸值、黏度增加值以及铜试样的质量损失确定试油的水解能力值。

再现性：0.9（平均值）——铜；1.9（平均值）——酸值。

重复性：0.3（平均值）——铜；0.8（平均值）——酸值。

有害物：庚烷（易燃）；氢氧化钾（苛性）。

适用范围：石油或合成液压油。

图3.35 空气释放特性测量仪

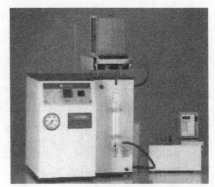

图3.36 液压油水解稳定性测量仪

3.5.11 中和值（NN/AN/BN）

润滑油带酸性或碱性取决于它的用途、添加剂组成、制造工艺和（或）在使用过程中形成的降解物。例如，使内燃机油有一定碱性储量，而涡轮机油却略显酸性。润滑油的酸碱度是从其中和值得到的。

润滑剂的中和值可以用多个标准试验规程确定，包括GB/T 4945比色计法和GB/T 7304或SH/T 0251电位计试验。

（1）GB/T 7304电位滴定法测润滑剂的酸值试验。本方法可能用于确定润滑剂酸性的相对变化，而不管其颜色或其他特性如何。将油样溶于甲苯、异丙醇和水的混合物中，用含乙醇的氢氧化钾滴定。画出表的读数与对应的滴定溶液容积间关系曲线。在图3.37所示的自动滴定仪中，通过软件可以控制试验和记录结果。用将样品从其初值滴定

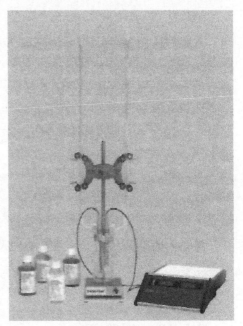

图3.37 酸值测量仪

到校准值所需的碱的量（用每克样品氢氧化钾毫升数表示）表示酸值。

再现性：44.0%乘以平均值（对已用油）；14.1%乘以平均值+1（对新油）。

重复性：11.7%乘以平均值（对已用油）；4.4%乘以平均值+1（对新油）。

有害物：甲苯（有毒、易燃）；甲醇、乙醇、氯仿（易燃、毒性剂）；m-硝基苯酚（有毒）；盐酸、氢氧化钾（腐蚀性）；2-丙醇（有毒、易燃、易爆）。

适用范围：石油产品。

（2）GB/T 4945颜色指示剂滴定法测酸值和碱值试验。本试验确定润滑油的酸值或碱值。将样品溶于丙酮、异丙醇和水的混合物中，用乙醇的碱或酸溶液滴定至终点（用加萘酚苯溶液后的颜色变化指示）（图3.38）。酸值或碱值用滴定每克样品

所需要的氢氧化钾的相当值表示。

润滑剂的酸值（AN）通常表示为中和1g油样中全部酸性生成物所需的氢氧化钾（KOH）毫克数。而碱值（总碱量或TBN）是中和油样中所有碱性组分所要的酸的毫克数，以相当的KOH毫克数表示。对于小试样，用SH/T 0163试验法。

再现性：0.04~0.15。

重复性：0.03~0.12。

有害物：p-萘酚苄（有毒、易燃）；

图3.38　手工滴定测酸值或碱值的酸值测量仪

盐酸、氢氧化钾（腐蚀性）；异丙醇（易燃性溶剂）。

适用范围：石油产品。

（3）SH/T 0251电位滴定法测碱值试验。本试验可用于确定润滑剂碱值的相对变化而不考虑颜色和其他特性。将20g油样溶入120mL滴定溶剂（冰乙酸和氯苯溶液）中，用高氯酸滴定。画出电位读数与对应的滴定溶液体积间的关系曲线。用滴定该溶液所需的酸的体积计算碱值，并表示成相应的氢氧化钾毫克数每克润滑剂。

再现性：平均值的7%（正滴定——对新油）；平均值的32%（反滴定——对已用油）。

重复性：平均值的3%（正滴定——对新油）；平均值的24%（反滴定——对已用油）。

有害物：高氯酸（有毒、易爆、有腐蚀性、氧化剂）；氯苯（毒剂）；冰醋酸（有毒、刺激性、易燃）；高氯酸钾（有毒、刺激性）；醋酸酐（毒剂、刺激性、腐蚀性）。

适用范围：石油润滑油。

3.5.12　氧化稳定性

所有润滑油和润滑脂产品从使用时就开始氧化和降解，与空气中的氧接触会促进酸性副产物的生成。润滑油的使用寿命与这些污染物的量成反比。氧化物通常为不溶性胶质、油泥和沥青质，或可溶性酸和过氧化物。不溶性产物通常会使油液的黏度上升并在零件表面形成沉积物，从而降低其润滑和冷却性能。最糟时，不溶物能堵塞油路和过滤器，造成设备严重损坏。可溶性副产物倾向于增加油液的酸值，促使金属部件腐蚀。良好的氧化稳定性是对润滑剂的关键要求之一，在估计润滑油剩余使用寿命时也是一个重要因素。氧化率基本上是时间的函数；但是，高温及污染物，如水和铜一类的催化剂等能加速这一过程。通常，油温每超过机器名义工作温度10℃，石油润滑油的氧化速度就增加一倍。

确定润滑剂氧化安定性的方法有很多。GB/T 12581氧化特性试验法和GB/T

0193旋转压力氧弹试验法（RPVOT）通常用于确定润滑油的氧化稳定性和说明剩余使用寿命。试验中，油样在高温下与压力容器中的氧和铜催化剂接触，通过测量耗氧量随时间的变化得到润滑油氧化稳定性的相对示值。这些试验的问题是试验条件并不能完全复现零件的使用条件。而且，氧化物和某些添加剂（起催化剂作用）的出现会影响试验结果的可靠性（一般倾向于使氧化稳定性的测试结果偏低）。试验前，用试验过滤法清除油样中的氧化物会改善这两种试验的可靠性。

（1）GB/T 12581抗氧化蒸汽涡轮机油的氧化特性测试。当初开发本试验是为了确定在有氧、水、铜和铁出现时，石油基润滑剂的氧化稳定性。使一定体积的油在95℃，且有水和铁、铜等催化剂存在情况下，与氧反应500~1000h（图3.39）。为了进行总酸值滴定分析，在测试期间要周期性地采取样品。当TAN达到2.0mg KOH/g或以上时停止测试。注意，某些新油的碱值可达1.5mg KOH/g。这些油不适合用该试验法。

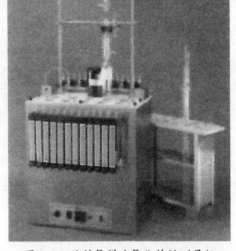

图3.39　旋转氧弹法氧化特性测量仪

再现性：平均值的0.332倍。

重复性：平均值的0.192倍。

有害物：n-庚烷（易燃）；热盐酸（毒剂，腐蚀）；铬酸（腐蚀性，致癌）；丙酮（中等毒剂，易燃）；异丙醇（可燃性）；氧气（可加速燃烧）。

适用范围：加抗氧剂的汽轮机和水轮机油。

（2）SH/T 0193旋转压力氧弹测试法测汽轮机油的氧化稳定性（RPVOT）试验。RPVOT是一种耗时相对较短的试验，相对于其他试验用得较多。测试中，将装有油样、水、氧和铜催化线圈的旋转压力容器放入一温度受控的浴槽中（图3.40）。向容器中充氧至620kPa后，使其以100r/min的速度转动。对试验计时，直至氧气压力降到特定值以下（表明到达终点）为止。润滑油的剩余寿命报告为试验结束时经历的分钟数。注意，对于RPVOT或AN结果较差的在用油常可通过纯化，去除酸性成分。经过纯化的油，其RPVOT试验结果会变好。

再现性：0.22倍平均值。

重复性：0.12倍平均值。

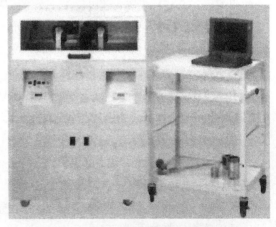

图3.40　自动旋转氧弹法氧化特性测量仪

有害物：氢氧化钾（腐蚀）；石油溶剂，n-庚烷，异丙醇（易燃）；丙酮（中等毒剂，易燃）；氧气（可加速燃烧）。

适用范围：蒸汽、液压和工业燃气轮机用润滑油。

3.5.13 倾点和浊点（雾点）

很多机器必须在寒冷环境下启动。因此，润滑剂在机器启动期间（或刚刚启动后）的流动性和良好的润滑能力是选择润滑剂的重要因素。当润滑剂冷却到足够程度时，就会到达某个温度点，此时重力不能再使之流动。在这个温度下，润滑剂将不能起到其最基本的作用。润滑剂能继续流动的最低温度称为倾点。首次观察到云状现象出现的温度称作浊点。

石蜡基油液中含有在接近倾点的低温时能结晶成蜂窝状结构的蜡。在刚好接近倾点之前，石蜡基润滑剂由于蜡组分的结晶会呈云状。应注意到，泵的搅拌可打破蜡结构，从而在低于倾点温度时仍可对含蜡油进行泵吸。但是，环烷油含极少蜡或不含蜡，它们是通过低温时黏度增加而达到其倾点的。因而，在接近环烷油的倾点时不易对其泵吸。在浊点或其以下使用润滑油通常会导致润滑不良。这种情况下，油中的蜡质组分可能会积累并阻塞油路或过滤器。注意，不应将浊点与高油压或污染引起的混浊不清或颜色变化混淆。

（1）GB/T 3535确定石油产品倾点的试验。图3.41为测量润滑油浊点所用的仪器，测量的温度间隔为3℃。该装置可以将样品容器从装置内的冷却包移出，并按要求倾斜90°，若发现5s内油样没有流动则停止试验。所测倾点为样品5s内未发生流动时的温度+3℃。

再现性：6.43℃（新油）。

重复性：2.87℃（已用油）。

有害物：丙酮、乙醇、甲醇、石脑油（易燃）；固体二氧化碳（极冷）。

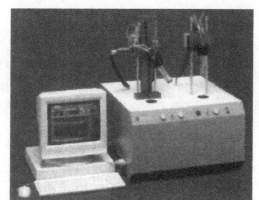

图3.41 倾点和浊点测量仪

适用范围：所有用于低温的润滑油。

（2）GB/T 6986确定石油产品浊点的试验。该试验用于测量润滑油的浊点，测量的温度间隔为1℃。所用的仪器在试样上方安置有同轴光纤传感器。刚刚出现结晶外观时的温度即为浊点。

再现性：4℃（新油）。

重复性：2℃（已用油）。

有害物：丙酮、乙醇、甲醇、石脑油（易燃）；固体二氧化碳（极冷）。

适用范围：某些石油产品。

3.5.14　沉淀值（不溶物）

半精制原油或黑色油常含有被称为沥青材料的石脑油不溶物。确定一种油是否适合用作润滑剂时，必须知道其沥青污染度。润滑油使用过程中除了会有氧化物外，还会逐渐积累可溶和不溶性污染物。这些物质对于润滑油的性能和使用寿命是有害的。用离心法可对润滑油中的不溶性污染物进行分离和定量。但对油溶性污染物，则必须用溶剂处理后才能沉淀分离。润滑油中的沥青污染物用SH/T 0024确定。

SH/T 0024润滑油的沉淀值试验。精炼油通常不含不溶于石脑油的沥青化合物，当确定其适用性时，需要知道沥青污染程度。油的沉淀值是将10mL油样与90mL溶剂石脑油混合并离心后，所得沉降残留物的毫升数（图3.42）。测试结果报告为沉降值。

图3.42　沉淀值测量仪

再现性：平均值的30%。

重复性：平均值的10%。

有害物：乙烷（毒，易燃）。

适用范围：蒸汽、水和工业燃气轮机油。

3.5.15　戊烷不溶物

戊烷不溶物含量高表明润滑油的氧化或污染程度高。甲苯不溶物含量高，表明有大量外界污染如积炭或灰尘。戊烷不溶物和甲苯不溶物的重量差表明油中氧化物的量。润滑剂受戊烷和/或甲苯不溶物的污染程度通常用GB/T 8926离心法或ASTM D4055微过滤法确定。

（1）GB/T 8926用离心法测润滑油中的戊烷/甲苯不溶物试验。用足够体积的戊烷对润滑油稀释后，树脂、积炭、灰尘和金属等不溶物就会脱离悬浮而下沉。这些沉淀物总称为戊烷不溶物。再用甲苯进一步处理后还会释放出另外一些不溶物，总称为甲苯不溶物。本方法叙述了测定润滑油中戊烷和（或）甲苯不溶物含量的方法和装置。该方法同样可测高洁净性发动机油的戊烷不溶物，试验中使用聚凝剂释放被洁净/分散添加剂所悬浮的不溶物。

戊烷不溶物：将10g油样放入离心管中，加戊烷至100mL，离心（图3.43）。用正戊烷对沉降物洗两次、干燥并称重（称准

图3.43　戊烷不溶物测量仪

至0.1mg），用离心管的前后重量计算戊烷不溶物的百分率。

另外，对戊烷不溶物可进一步用甲苯处理，以溶解和分离润滑油氧化过程中形成的胶质，所剩残余物称为甲苯不溶物。

甲苯不溶物：将10g油样放入离心管中，加戊烷至100mL，离心（图3.43）。用甲苯乙醇溶液和甲苯先后分别各冲洗沉降物一次、干燥并称重（称准至0.1mL）。用离心管的前后重量计算甲苯不溶物的百分含量。

再现性：戊烷（平均值的10%~15%）；甲苯（平均值的14%~46%）。

重复性：戊烷（平均值的15%）；甲苯（平均值的6.8%~19%）。

有害物：甲苯（有毒、易燃）；戊烷、变性乙醇（毒剂，易燃）；n-丁基二乙醇胺（吞咽有害）；2-丙醇（有毒、易燃、易爆）。

适用范围：润滑油。

（2）ASTM D4055薄膜过滤法测润滑油的戊烷不溶物试验。本方法叙述用薄膜分析法确定润滑油中戊烷不溶物的程序及装置。该方法利用亚微米过滤膜作为提取不溶沉降物的手段。对过滤膜清洁并称准至0.1mg。将1g试样置于容量瓶中，再加入戊烷至100mL刻度线。对瓶内溶液过滤，并对滤膜重新称重（精度至0.1mg）。用滤膜的前后重量计算戊烷不溶物的百分率。

再现性：2次结果平均值的0.759倍。

重复性：2次结果平均值的0.177倍。

有害物：戊烷（中等毒剂，易燃）。

适用范围：润滑油。

（3）ASTM D7317薄膜过滤法测已用润滑油的戊烷不溶物试验。本方法叙述用薄膜分析法确定润滑油中戊烷不溶物程度的程序及装置。该方法最初由美国机车维护者协会开发。该方法主要用于测试铁路柴油机车在用润滑油，结果与GB/T 8926结果无关。试验时混合戊烷凝结溶剂和油样，并在真空下过滤。用戊烷对滤膜冲洗，干燥并称重，称准至0.1mg。用滤膜的前后重量计算戊烷不溶物的百分率。

再现性：0.237×（平均值+1.77）。

重复性：0.06×（平均值+1.77）。

有害物：戊烷（中等毒剂，易燃）；n-丁基二乙醇胺（吞咽有害）。

适用范围：铁路柴油机车润滑油。

3.5.16　皂化值

很多润滑剂加有脂化合物以增加其流体膜强度和（或）水乳化特性。脂能赋予油液对金属表面的强亲和力，并使油能与水发生物理结合而不是被它所替代。这些化合物的量（复合度）用皂化值来表示。实际中，通常将皂化值与中和值一起考虑，以确定润滑剂中酸和脂化合物的相对水平。

GB/T 8021石油产品的皂化值试验。试验中，将一定量的氢氧化钾（KOH）加入一定量的油样中并加热。在随后的反应中，脂化物被转化成皂。然后用盐酸（HCl）对过量的氢氧化钾（KOH）进行滴定中和（图3.44）。皂化值为与油液反应过程中所消耗的氢氧化钾量（毫克数）。新油试验结果将依酸性添加剂或其他成分而变化。已用油的试验结果会因油中出现的污染物的性质和程度而改变，要合理解释结果和皂化值数据的意义需要大量经验。

再现性：GB/T 8021（颜色指示剂法）；10.4mg KOH/g（电位滴定法）。

重复性：GB/T 8021（颜色指示剂法）；2.76mg KOH/g（电位滴定法）。

有害物：丁烷、乙醇、标准溶剂、石脑油（易燃）；盐酸、氢氧化钾（腐蚀）。

适用范围：石油产品。

图3.44　皂化值测量仪

3.5.17　硫含量

所有原油都含硫元素或多种硫化合物。某些硫化合物为酸性，有腐蚀性；而另一些则是有用的，例如自然产生的抗氧化剂。在润滑剂精炼过程中，非有害硫化合物得以保留以增强其抗氧化性。为改善抗氧化性和（或）极压性，在某些特殊应用场合，还需额外加入硫化物。

润滑油中硫的浓度通常用GB/T 11140 X-射线荧光光谱（XRF）法确定，但也使用GB/T 387高温法和GB/T 11131滴定法。

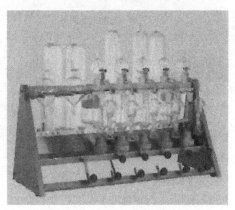

图3.45　硫含量测量仪

（1）GB/T 387石油产品中的硫含量（高温法）试验。本方法通过使已知量碘化钾与高温氧流中燃烧的油样所放出的氧化硫发生化学反应，可测到0.005%硫含量（图3.45）。

再现性：0.08%~0.54%质量（碘化物，0~5%质量）；0.13%~0.49%质量（IR，0~5%质量）。

重复性：0.05%~0.24%质量（碘化物，0~5%质量）；0.04%~0.16%质量（IR，0~5%质量）。

有害物：盐酸（有毒，腐蚀）；硫酸（有毒，腐蚀，氧化剂）；高氯酸镁（易反应）；氧气（加速燃烧）。

适用范围：石油产品。

（2）GB/T 11140 波长离散X射线荧光光谱（XRF）法分析石油产品中的硫含量试验。该方法可以测出润滑油中低达0.005%的硫含量而且不受溶解金属的影响。此法使用自动XRF光谱仪系统，比其他硫测量方法所需样品准备时间和分析时间少得多（图3.46）。

再现性：0.0913%质量$^{0.9}$（对于0.006%~5.3%质量）。

重复性：0.02651%质量$^{0.9}$（对于0.006%~5.3%质量）。

图3.46　X射线荧光谱硫含量测量仪

有害物：X-射线（电离辐射）。

适用范围：石油产品。

另外，用GB/T 17040所述的能量离散X射线荧光光谱分析法也可对润滑油中的总含硫量进行测量，测量范围为0.0150%~5.00%。

（3）GB/T 17476电感耦合等离子体（ICP）原子发射光谱确定添加剂元素试验。该方法用电感耦合等离子体光谱测润滑油中的硫元素浓度以及添加剂和污染物的元素组成（图3.47）。将油样用混合二甲苯或其他合适的溶剂稀释10倍（指质量）。该方法用油溶性金属校准，所以不能对非油溶性颗粒进行定量测量。分析结果与颗粒的大小有关，对大于几个微米的颗粒所测结果较实际值小。

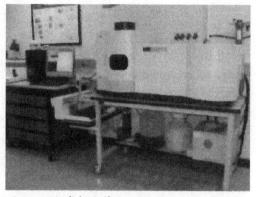

图3.47　电感耦合等离子体原子发射光谱硫含量测量仪

再现性：见GB/T 17476中表格。

重复性：见GB/T 17476中表格。

有害物：煤油（易燃）；二甲苯（易燃，毒剂）。

适用范围：石油产品。

要测出千万分之一含量的硫，得采用GB/T 0253法。此法将油样放在炉中燃烧，然后对燃烧的气体进行滴定。

3.5.18　黏度

一般来讲，黏度是对润滑油内摩擦或抵抗流动能力的度量，大小为剪应力与剪切率之比。在特定机器中，只有当工作的黏度范围正常时，才能维持将运动表面隔开的最佳油膜厚度，从而达到摩擦与磨损的平衡。因此，黏度可能是润滑剂技术指标中最重要的特性。

（1）影响黏度的几个方面

（a）常见运行工况的影响。在流体动力润滑状态下，正确选择的润滑油会形成一个粘性油楔，将运动表面隔开并承担载荷。如果润滑剂太粘，黏滞力和摩擦力就会增加。如果润滑剂不够粘，油膜就太薄，以致不能保护运动表面免受磨损和潜在的灾难性失效的瞬变应力的影响。在弹性流体润滑状态下，运动表面在承载点处被高压而产生的固化膜分开。在这种情况下，膜的厚度和弹性同样与该工作温度、速度和载荷下的黏度有关。

为了与所期望的机器应用情况匹配，所选择的润滑剂应具有合适黏度、黏度指数和添加剂混合物以在期望的速度、载荷和温度范围内能提供可靠的性能。一般而言，高速、轻载机器需要低黏度润滑剂，而低速、重载机器则需要较高黏度的润滑剂。

（b）温度和压力的影响。黏度和温度呈反比关系。温度增加，黏度则趋于减少，反之亦然。在大载荷条件下，黏度与载荷增加呈正比关系。当载荷增加时，黏度也趋于增加。在极端温度和（或）压力条件下，润滑剂烃分子会被"破碎"而形成较轻的化合物，从而导致其黏度聚减。这在大多数情况下，会造成润滑作用丧失和机器零部件损坏。

（c）剪切率的影响。高性能内燃机的出现增加了润滑油所承受的机械和温度应力。因在高应力情况下黏度特性有所不同，所以就需要一种能很好地复现内燃机工作环境的黏度测量方法。

（d）润滑剂类型的影响。润滑剂类型同样对所测的黏度有影响。在恒温条件下，单级油（牛顿油）在各剪切率下表现出恒定的黏度。但是，多级润滑（非牛顿）油因带有长链聚合物增稠剂，黏度将随着剪切率的增加而减少。使多级润滑油过载会破坏其聚合物，使黏度极大地、永久性地降低。如果未引起注意，由此造成的润滑效率降低会导致机械零件损坏，甚至整台机器损坏。温度和剪切率对黏度影响的特点导致了两个度量黏度的基本途径。第一个是运动黏度，它基于在特定条件——重力和温度下，所观察到的润滑剂行为。第二个是绝对黏度，定义为剪切率与速度梯度之比。

另外，污染也会改变润滑油的黏度。在用油黏度变化说明有外部污染物侵入或油液降解。燃油、轻油或溶剂对润滑油的污染会使润滑油的黏度降低。氧化或燃烧产物会使润滑油变稠，导致黏度增加。关键零部件表面因沉积物和油漆而造成油膜厚度的变化还会引发其他问题。

（2）黏度指数

润滑剂抵抗由温度而引起的黏度变化的程度称为黏度指数（VI）。黏度指数越高，温度引起的黏度变化越小。黏度指数常用于评价机器在正常工作温度范围，包括启动和停机情况下润滑油的黏度特性。当温度增加时大多数机器油液的黏度，趋于降低。单级油（牛顿流体）的黏-温关系通常是线性的。这种油的问题是对于大多数发动机而言，其黏度随温度的变化太快。因此，常在这种基础油中加入黏度指数改进剂（Ⅶ），以减少黏度随温度变化的幅度。这样，多级油的黏度随温度的变化就不像单级油那样剧烈。黏度指数改进剂虽然解决了这个问题，但却产生了其他问题。剪切率很高时（间隙很小的高速发动机运动零件间），黏度指数添加剂会造成黏度暂时丧失。在黏度起关键作用的地方，它可能会使润滑油的黏度低于维持合理流体动力润滑所需的最低值。为了测试这种现象，人们发明了圆锥轴承模拟器，见ASTM D4683（测量温度150℃）和ASTM D6616（测量温度100℃）。

黏度指数表示黏度随温度变化的稳定程度。不是所有的润滑剂黏度都以相同方式随温度而变化。黏度指数可用GB/T 1995给出的方法计算，它用到40℃和100℃运动黏度的测量值（GB/T 265）。但是，按GB/T 1995中的计算方法确定黏度指数比较麻烦，若使用标准中的数据列表会简便些。

（3）运动黏度

运动黏度可通过测量在一定温度下润滑剂在重力作用下流经毛细管一定距离所花的时间而得到（图3.48）。所用毛细管浸在热浴中，使试验结果稳定且重现性符合要求。因为测量方法简单，运动黏度成为确定机器润滑油名义黏度最为常用的方法。运动黏度的单位是斯托（Stoke）。1斯托等于1cm²/s。对大多数应用场合，斯托因太大而不方便使用。因此，较小的单位，厘托（cSt）等于1cm²/s更可取。测量运动黏度的最常用方法是GB/T 265法。该

图3.48　运动黏度测量仪

试验通常是在40℃或100℃油温下进行的，以使所得结果标准化，并有利于不同使用者之间进行比较。报告黏度结果时一定要说明测量的温度。

表3.2为ISO颁布的黏度级别分类系统。该系统为每一级别的工业用油提供了可接受的最大、最小黏度范围。使用中，无论何种原因引起的油液黏度级别改变都应予以注意。

表3.2　ISO黏度界限与油液等级

ISO油液等级	最小黏度/（mm²/s）	最大黏度/（mm²/s）
2	1.9	2.4
3	2.9	3.5
5	4	5

续上表

ISO油液等级	最小黏度/（mm²/s）	最大黏度/（mm²/s）
7	6	7.5
10	9	11
15	14	17
22	20	24
32	29	35
46	41	51
68	61	75
100	90	110
150	135	165
220	198	242
320	288	252
460	414	506
680	612	748

（4）动力（绝对）黏度

动力黏度是剪切两个平行流体平面所需的切向力的度量。此力正比于流体的黏度、所剪切的平面面积和两相邻平面的相对滑动速度，反比于油膜厚度。

任何温度下，润滑剂的动力黏度与剪切力、润滑剂的密度、油膜厚度和面积之间的关系可用以下各式表示：

剪切力=动力黏度×面积×（速度/膜厚）

动力黏度=（剪切力/面积）×（膜厚/速度）

动力黏度=运动黏度×密度

将剪切力/面积参数简化为压力单位：帕斯卡（Pa），膜厚/速度参数简化为时间单位：秒（s），动力黏度可表示为帕斯卡·秒或泊（P）。对于多数润滑剂应用场合，帕斯卡-秒或泊单位太大，使用不方便，故一般用毫帕斯卡·秒或厘泊表示动力黏度。

润滑剂的动力黏度通常用旋转轴或圆柱类型的黏度计来测量，如布鲁克菲尔德黏度计（图3.49），Tannas基本旋转式（TBR）黏度计或圆锥滚子轴承模拟（TBS）黏度计（图3.50），具体以温度和剪切率定。注意：使用任何精密仪器时，测量结果的一致性取决于仪器的测量条件、实验室条件和操作过程的连贯性。如前面对于黏度指数添加剂使用的说明，剪切率增加时多级油的黏度会减少。因为黏度在随着剪切率而变，所以它的黏度已不再是绝对黏度。现在比较合适的表达是表观黏度。绝对黏度只是对于符合牛顿定律的牛顿流体而言，即剪切应力对剪切率的比值为常数（在剪切率范围里，黏度为常数）的流体。当该比值随着剪切应力而变时，在剪

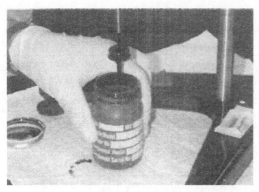

图3.49　用布鲁克菲尔德法测动力黏度

图3.50　圆锥滚子轴承模拟黏度仪

切率范围里黏度不再保持不变（黏度随剪切率的增加而变小），所以称其为表观黏度。仪器的类型不同，产生的剪切率和温度也不同。Brookfield黏度计和TBR黏度计测量的是低剪切率下的动力黏度。为了保证高剪切率机器的有效润滑，如汽车发动机，应当对润滑油在机器实际工作温度下及高剪切率测量其黏度。TBS黏度计可在高或很高剪切率下对单级和多级油进行测量，其剪切率和测量温度接近现代高性能往复式发动机。

　　对于同一类型或级别的油，各商家产品的黏度可能会有所不同。表3.3按黏度汇编了三家制造商的润滑油。该表比较了ISO、SAE和AGMA三种润滑油的黏度范围。该表还给出了每个ISO级别的润滑油的最大和最小黏度范围。注意，新型SAE油，例如SAE30或SAE15W40的黏度变化范围会超出ISO类型所规定的10%变化范围。因此，欲使机器的润滑可靠性最高，在使用之前确定SAE和AGMA油的实际黏度很重要。

表 3.3　几种润滑油运动黏度对照表

黏度平均值 （40℃） /（mm²/s）	下限/ （mm²/s）	上限/ （mm²/s）	ISO R&O, AW, EP工业用油	SAE 单级发 动机油	SAE 多级发动 机油	AGMA R&O 齿轮油	AGMA EP 齿轮油
2.2	1.98	2.42	ISO2				
3.2	2.88	3.52	ISO3				
4.8	4.14	5.06	ISO5				
6.8	6.12	7.48	ISO7				
10	9.0	11.0	ISO10				
15	13.5	16.5	ISO15				
22	19.8	24.2	ISO22				
32	28.8	35.2	ISO32	SAE5			
46	41.4	50.6	ISO46	SAE10		#1	

黏度平均值（40℃）/（mm²/s）	下限/（mm²/s）	上限/（mm²/s）	ISO R&O，AW，EP工业用油	SAE单级发动机油	SAE多级发动机油	AGMA R&O 齿轮油	AGMA EP 齿轮油
50	45.0	55.0			SAE0W30		
68	61.2	74.8	ISO68	SAE20	SAE5W30	#2	2EP
68	61.2	74.8			SAE10W30		
68	61.2	74.8			SAE20W20		
85	76.5	93.5		SAE30	SAE5W40		
100	90	110	ISO100	SAE30	SAE5W50	#3	3EP
100	90	110			SAE10W40		
100	90	110			SAE15W40		
10	90	110			SAE75W90		
115	103	126		SAE30	SAE5W50		
115	103	126		SAE40	SAE10W40		
115	103	126			SAE15W40		
130	117	143		SAE30	SAE20W40		
130	117	143		SAE40	SAE75W90		
150	135	165	ISO150	SAE40	SAE80W90	#4	4EP
150	135	165		SAE50	SAE20W50		
180	162	198		SAE40	SAE20W50		
220	198	242	ISO220	SAE50	SAE80W140	#5	5EP
220	198	242		SAE90			
320	288	352	ISO320	SAE60	SAE85W140	#6	6EP
460	414	506	ISO460	SAE140		#7	7EP
680	612	748	ISO680			#8	8EP
1000	900	1100	ISO1000	SAE140		#8A	8AEP
1500	1350	1650	ISO1500	SAE250		#9	9EP
2200	1980	2420	ISO2200				
3200	2880	3520				#10	10EP

（1）GB/T 265透明和不透明液体运动黏度试验。本试验通过测量在一定的驱动压头（重力）和温度条件下使一定量体积的液体润滑剂流经校准的玻璃毛细管黏度仪所花的时间来确定该润滑剂的运动黏度。此方法适用于透明的和不透明的液体。

运动黏度为流动所花时间与仪器校准因数的乘积。动力黏度为运动黏度与液体密度的乘积。

再现性：0.65%~0.76%（40℃，100℃）。

重复性：0.11%~0.26%（40℃，100℃）。

有害物：丙酮（易燃）；铬酸（腐蚀、毒剂）。

适用范围：大多数润滑油。

（2）ASTM D2196布鲁克菲尔德黏度计测非牛顿流体流变特性试验。布鲁克菲尔德仪借助于润滑油对浸入油中的金属轴转动产生的阻力测量其表观黏度。该试验确定多级润滑油（非牛顿流体）的黏度。

再现性：21.6%单速；22.1%剪切变稀指数。

重复性：7.0%单速；9.5%剪切变稀指数。

有害物：N/A。

适用范围：多级润滑油。

（3）GB/T 1995用40℃和100℃运动黏度计算黏度指数。GB/T 1995叙述了用GB/T 265方法所测40℃和100℃运动黏度值计算黏度指数的方法和步骤，但这个过程有些复杂。按GB/T 1995里的表1确定某个润滑剂的黏度指数简便得多。

再现性：取决于所测原黏度值。

重复性：取决于所测原黏度值。

有害物：N/A。

适用范围：大多数润滑油。

（4）GB/T 11145用布鲁克菲尔德黏度计测润滑剂的低温黏度试验。该试验测定曲轴箱、齿轮、工业和液压油等在−5℃~40℃温度范围和低剪切率条件下的动力黏度。本测试所报告的黏度读数单位为厘泊（cP），即mPa·s。

再现性：95%置信率，20次实验中有19次。

重复性：95%置信率，20次实验中有19次。

有害物：N/A。

适用范围：大多数润滑油。

（5）ASTM D4683和ASTM D6616用圆锥滚子轴承模拟器黏度计在高剪切率下测试150℃和100℃黏度试验。圆锥滚子轴承模拟（TBS）黏度计使一精密制造的、以3600r/min转速旋转的转子与装载润滑油的一个完全相同的定子相配合，所测黏度是转子旋转抗力的函数。该试验能模拟发动机轴颈轴承和其他高剪切场合下润滑油的剪切率。该方法可将剪切率设定到高达$1 \times 10^6/s$，如果想进一步了解润滑油的黏度变化，还可以对其调节。试验温度也可以根据测试目的进行调节。TBS报告的黏度单位为mPa·s（在测试剪切率下），

D4683	D6616
再现性：平均值的2.3%。	再现性：平均值的3.5%。
重复性：平均值的3.6%。	重复性：平均值的1.2%。
有害物：N/A。	有害物：N/A。
适用范围：发动机油。	适用范围：发动机油。

（6）GB/T 6538用冷启动模拟机（CCS）测定发动机油 - 10℃ ~ - 35℃ 表观黏度试验。 该试验用于确定发动机油的表观黏度是否满足SAE J300技术条件中关于冷启动黏度的要求。图3.51所示的粘度测量仪可测表观黏度的参数范围为：温度-35℃ ~ -5℃，黏度1500mPa·s ~ 27000mPa·s。

再现性：平均值的7.3%~8.9%。

重复性：平均值的2.6%~5.4%。

有害物：丙酮、甲醇、石脑油（易燃）。

适用范围：发动机油。

实际中常常需要频繁监测黏度，以证实润滑油的承载能力、是否变稠或者是否有外界污染物，如燃油侵入。现有很多使用黏度传感器的黏度仪可以满足这个要求。

图3.52为一适合于现场使用的台式黏度测量系统。所用传感器的测量范围为0.5~200cP，测量一个样品的速度为2min，包括取样、测量和清洁。测量过程由软件控制，测量数据能自动发送到用户的数据管理系统中。该系统有自动和手动两种形式。

图3.53为一可安装于机器上的在线黏度传感器，用它能实时监测润滑油的黏度。与分析软件集成后，还能连续或按设定的时间间隔对油液状态进行评估。黏度传感器可用于润滑剂生产过程，控制黏度的波动。对于润滑油的黏度可能会受外部污染物如水或燃油影响的系统，可用黏度传感器做在线监测。

图3.51 冷启动模拟机黏度测量仪

图3.52 台式黏度传感器

图3.53 在线黏度传感器

3.5.19　抗磨和承载特性

润滑油的承载能力通常取决于基础油的润滑性和添加剂的抗摩、极压和抗黏着特性。润滑油和各种添加剂之间的复杂关系需要根据润滑油的调和和既定用途用不同的试验方法确定。Falex（销–块）、Timken（环–块）或类似的轴承和齿轮型磨损试验机常用于确定润滑油和润滑脂的磨损和抗磨或极压添加剂特性。使用这些磨损试验机的很多试验方法已标准化。

（1）SH/T 0188 Falex销块试验机进行液体润滑剂的磨损特性试验。本试验用Falex销–V形块试验机在规定条件下确定液体润滑剂的磨损特性（图3.54）。试验通过以290r/min速度旋转的钢销与一对浸于油样中的V–形块相摩15min后，根据钢试样的磨损程度确定润滑剂的承载能力。试验过程中，载荷一直维持为1112N或1246N。根据试销和试块的磨斑确定油样的磨损特性（图3.55）。

再现性：平均值的22%。

重复性：平均值的49%。

有害物：N/A。

适用范围：润滑油。

图3.54　销–V形块试验机　　图3.55　销和V形块试件　　图3.56　Timken磨损试验机

（2）GB/T 11144 Timken法测润滑油的极压特性试验。本试验利用梯姆肯极压试验机确定润滑剂的极压抗磨特性（图3.56）。本试验机使一钢试验环在测试油液润滑下相对于一钢试块以800r/min转速旋转。通过增加或减少重块改变试环与试块间的载荷。测试结果用发生划伤时的最大载荷表示。

重现性：平均值的74%。

重复性：平均值的30%。

有害物：标准溶剂（可燃）；丙酮（中等毒剂，易燃）。

适用范围：大多数润滑油。

（3）GB/T 12583润滑剂的极压（EP）特性（四球法）试验。本试验用四球极压试验机确定极压润滑剂的磨损特性（图3.57）。试验机使一钢球在测试样品油

图3.57　四球试验机

润滑下相对于其他三个静止的钢球以1760r/min的转速旋转。通过增加或减少重物改变试球间的载荷。本试验确定载荷/磨损指数和焊着点。测试结果用试球表面形成的疤痕尺寸报告。

再现性：平均值的44%。

重复性：平均值的17%。

有害物质：标准溶剂（可燃）；（正）庚烷（易燃）。

适用范围：大多数润滑油。

（4）SH/T 0187润滑油的极压特性（法莱克斯销–V形块法）试验。本试验利用浸在润滑剂样品中的销相对于V形块转动来确定液体润滑剂的承载特性。

试验机使钢销以290r/min转速转动，用棘轮机构以1112N为单位递加载荷直至测试结束。记录失效发生时载荷。

再现性：平均值的40%。

重复性：平均值的27%。

有害物：N/A。

适用范围：大多数润滑油。

（5）SH/T 0189润滑油的防磨特性（四球法）试验。本测试利用四球磨损试验机确定液体润滑剂的抗磨特性（图3.57）。试验机使一钢球相对于其他3个静止的钢球以1200r/min转速转动，钢球之间用测试用油样润滑。油样温度控制在75℃，上、下球之间的载荷设为147N或392N。测试时间为60min，测试结果由处于下方三个停止的球的磨痕尺寸确定（图3.58）。

再现性：≤0.28mm两次试验磨痕直径差。

重复性：≤0.12mm两次试验磨痕直径差。

有害物：N/A。

图3.58　试球磨斑

适用范围：大多数润滑油。

除上述试验法外，还有一些其他润滑油承载能力试验，主要用于一些特殊情况，包括SH/T 0517（确定重载齿轮油的承载能力）和SH/T 0847（确定极压润滑油的摩擦磨损特性）。

（6）SH/T 0307恒流量泵测液压油的磨损特性试验。本测试用高压液压油确定泵零部件的磨损程度。本测试采用叶片泵，使测试用液压油以13 720kPa压力通过标准回路100h。测试结果用泵的凸轮环和叶片的重量损失确定。

再现性：未定。

重复性：未定。

有害物质：异丙醇（易燃）；石脑油（有毒，易燃）。

适用范围：石油和非石油基液压油。

3.5.20　相容性

不同润滑剂之间，或在用润滑剂和机器的弹性密封件之间的相容性虽然通常不是规定的特性，但却是润滑剂最关键的特性之一，而且常常被忽略。引起润滑或机械问题常常是由于：

（a）石油和合成基础油的化学特性不同；

（b）添加剂和增稠剂的化学性质不同；

（c）润滑油和弹性件的化学组成不同。

将不相容的润滑油或润滑油添加剂混合在一起会产生意想不到的化学反应。大多数情况下，混合后的润滑性能比原来各自的润滑性能差。一种最坏的情况是，添加剂发生化学反应后沉淀，使原润滑剂溶液因缺少添加剂而不能对零件实施保护。另外，沉淀物还可能堵塞油管或过滤器，减少油润零件的润滑油供应量。同样混合不相容的润滑脂也会导致意外的化学反应，破坏或降低润滑脂或其添加剂的润滑性能。这种混合一般都会导致硬化或漏油等，造成的润滑不充分。

混合前确定不同牌号润滑剂之间的相容性特别重要。很多润滑剂尽管其基础油和添加剂的化学性质不同，但也可能容许在同一机器中使用。评价汽车齿轮油和密封材料的可溶性时，可以采用GB/T14832标准方法中给出的原则。

发生不明失效时，应检查可能相混的各流体间相容性。包括评价新油和在用油以及润滑脂之间、润滑剂和弹性密封件之间、润滑剂和其他流体之间的相容性。

表3.4为弹性密封件对工业润滑油的稳定性。

表3.4　弹性密封件对工业润滑油的稳定性

密封材料	对矿物油的稳定性	对酯的稳定性
丁腈橡胶（Buna-N）		中-良
氯丁二烯橡胶	中	
柔性石墨	优	优
碳氟树脂	优	
氟橡胶（Viton★）	优	优
乙烯丙烯	差	
天然橡胶	差	差
氯丁橡胶		差
全氟弹性体（Kalrez★★）	优	
硅酮	中	
聚四氟乙烯（PTFE）	优	优
塑料	良	差

★：（美）杜邦公司商标

3.6 润滑脂

润滑脂为固体或半固体润滑剂。固体润滑脂为粒状粉体或可在很宽的温度范围里保持其形状的面团样物质。固体润滑脂一般用于润滑工作温度很低或很高（可能会使烃类润滑剂起火花）的机器。半固体润滑剂的结构处于液体和固体之间。工作温度低时，润滑脂的行为更像固体。半固体润滑脂是黏度较大的基础油与合适的增稠剂（通常是金属皂）的混合物。

典型的润滑脂含90%基础油和10%增稠剂（图3.59）。一般，所用增稠剂确定润滑脂的类型。但是，润滑脂的某些具体特性会随基础油的类型、调和方法以及所用添加剂的类型和量而变。例如，为了减少运行过程中发生炭化的可能性，使用特殊抗氧剂调和高温润滑脂。润滑脂成分和调和工艺的选择根据其将要使用的环境而定：

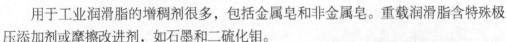

图3.59　润滑脂：90%润滑油+10%增稠剂

（a）机器的工作温度；

（b）被润滑零件的速度；

（c）与雨水和空气接触的可能性；

（d）对可泵性的要求。

用于工业润滑脂的增稠剂很多，包括金属皂和非金属皂。重载润滑脂含特殊极压添加剂或摩擦改进剂，如石墨和二硫化钼。

轴承和齿轮都会用到润滑脂润滑。根据使用情况的不同，润滑脂可能会因为存放不当和水的冲刷作用进入外界自然环境。为了减少对环境的危害，开发了生物可降解润滑脂（图3.60）。润滑脂制造商越来越多地使用植物油或合成酯生产生物可降解润滑脂。用植物油，例如大豆油生产

图3.60　食品级润滑剂应有良好的润滑性和极低的毒性

的润滑剂有很高的黏度指数、优异的润滑性和较高的闪点和燃点。生物工程正在用于克服植物油一般存在的氧化稳定性低和倾点高等缺点。

例如，SKF公司用合成酯基础油和锂-钙增稠剂生产生物可降解润滑脂。所生产的LGGB 2润滑脂符合目前关于生物可降解润滑剂的毒性和生物可降解性要求。润滑脂特性包括良好的低温启动性、抗腐蚀性和承载特性。

3.6.1　铝皂和铝复合皂润滑脂

最简单的一种工业润滑脂用铝硬脂酸皂和环烷烃基础油调和而成。该润滑脂通常具有轻微纤维织构，外观呈清亮胶状，且有以下特性：

（a）中等滴点，110℃；超过70℃时变粗纤维胶体；

（b）抗氧化性、抗水洗性和抗腐蚀性优异；

（c）剪切稳定性比较差。

铝复合皂润滑脂通常用铝硬脂酸、苯甲酸铝和基础油调制而成。该润滑脂的特性较好：

（a）滴点高，一般超过260℃；

（b）承载特性优异；

（c）剪切特性优异；

（d）抗水淋和水洗特性良好；

（e）低温特性和可泵性良好。

铝皂和铝复合皂润滑脂用于润滑一般工业和民用型设备。

3.6.2 钙皂和钙复合皂润滑脂

钙皂润滑脂的稠度一般比较均匀，尽管用高黏度基础油调和的钙润滑脂的纤维结构较为明显。水合钙皂润滑脂用牛脂和熟石灰调制而成。这些润滑脂抗水能力很强，但在79℃以上时变得不稳定。高温时，油的损失和溶解水会使水合钙皂润滑脂变硬，润滑特性变差。无水钙皂润滑脂通常用氢氧化钙、12-羟基硬脂酸皂和基础油调和而成，具有下列特性：

（a）中等滴点（138℃）；

（b）低温特性良好；

（c）抗氧化性良好；

（d）无添加剂时，抗腐蚀和防锈性差；

（e）抗水解或水洗性能力很强。

无水钙皂润滑脂可用于润滑工作于110℃以下，要求使用寿命长的滚动轴承。特殊重载钙皂润滑脂调和时要用摩擦改进剂，如石墨或二硫化钼。这些润滑脂有优异的黏附性、承载能力和抗水性。它们适合润滑开式机械，包括（拖挂车用）鞍座、建筑机械的履带轴承、铲车和疏浚设备。有一种类型的钙复合皂润滑脂将硬脂酸钙和醋酸钙与所选基础油结合，得到了比钙皂润滑脂更好的承载和抗磨性能，同时该润滑脂还具有下列优点：

（a）滴点高，一般可达270℃；

（b）承载能力优异；

（c）剪切性能优异；

（d）抗水淋和水洗性优异；

（e）低温和可泵性良好。

钙复合极压润滑脂通常用于润滑汽车、建筑和重型机械（图3.61）。该润滑脂适合于润滑底盘连接处、球接头、万向接头和拖车鞍座等。重载钙复合皂润滑脂通常用磺酸钙、合成基础油和5%二硫化钼经过三个不同反应过程调制而成。这种润滑脂在极冷和很热的条件下有很好的抗磨和极压特性。

针对核辐射会加剧润滑脂氧化和使其寿命减少的问题，现已成功开发了一种核电厂电动阀润滑用的特殊润滑脂。磺酸钙润滑脂使用加氢处理Ⅱ类基础油和磺酸钙增稠剂，显示出其优异性能。因为具有下列特性，所以这种润滑脂特别适合电动齿轮阀阀杆的润滑：

图3.61　室外用润滑脂必须有优异的抗水洗性

（a）滴点高，一般可至260~318℃；

（b）承载和极压特性优异；

（c）抗腐蚀性优异；

（d）抗油分离性优异；

（e）抗时效硬化；

（f）抗水淋和水洗性优异；

（g）低温和泵送性良好；

（h）可抗200Mrad（兆雷德）的核辐射。

此外，磺酸钙润滑脂不含铅、锌或氯化物，通常也与其他钙复合和锂复合润滑脂相容。

3.6.3　锂皂和锂复合皂润滑脂

锂皂润滑脂用氢氧化锂、牛脂、12-羟基硬脂酸和润滑油调和而成。这些润滑脂通常织构光滑，滴点可达177~204℃。有效工作温度在135℃以下。锂基润滑脂有以下优点：

（a）润滑膜保持性好，剪切稳定性优异；

（b）承载能力强，密封性好；

（c）抗氧化、防腐蚀和防锈能力强；

（d）防水解和抗水洗能力强。

锂复合皂润滑脂用牛脂、12-羟基硬脂酸、氢氧化锂、合成基础油和抗氧及抗腐蚀添加剂，经两步复合工艺调制而成。锂复合皂润滑脂有下列典型特点：

（a）滴点一般高达270℃；

（b）承载能力、剪切稳定性和密封特性良好；

（c）抗氧化、腐蚀和锈蚀能力强；

（d）抗水淋和水洗性能好；

（e）泵送性好。

使用合成酯润滑油调和的专用锂基复合脂可在工作温度达-60℃时依然具有良好

的流动性。用锌粉复合成的锂皂润滑脂在石油工业中用于润滑钻铤和钻杆螺纹。用二硫化钼或极压添加剂复合的锂12-羟基硬脂酸润滑脂适用于各种重载汽车、越野车辆、农机、建筑机械和工业设备。

锂复合皂润滑脂广泛用于重载汽车。这些润滑脂也适合工作在高温或有水存在的高速工业轴承中。一些锂复合皂润滑脂用高达3%的二硫化钼调和，以改善其抗磨和极压性能。极压锂基复合皂润滑脂在汽车和建筑机械中有非常好的性能，在工业滑动轴承和低中速滚动轴承中表现良好（图3.62）。

图3.62 锂复合皂润滑脂常用于
轴承润滑

3.6.4 钠皂润滑脂

钠皂润滑脂用所选的脂、氢氧化钠、水和基础油调制而成。该润滑脂具有纤维织构，滴点相对较高，达177℃。但因为高温氧化速度快、滴油和软化等问题，它很少用于工作温度超过120℃的工况。钠皂润滑脂有以下特点：

（a）黏附和内聚性良好；

（b）剪切稳定性尚好；

（c）水洗性差；

（d）抗锈性和抗渗油特性尚好。

钠皂润滑脂适合于润滑低速滑动轴承和一般民用机械及农用机械。

3.6.5 有机粘土润滑脂

有机粘土润滑脂主要用于高温工业、开式齿轮和拖车鞍座等。该润滑脂织构光滑，因为增稠剂在高温下不溶，所以有良好的耐热性。典型特性：

（a）滴点高，可达260℃；

（b）高、低温性能好；

（c）抗水淋和水洗特性优异；

（d）抗氧化、抗腐蚀和抗锈蚀能力强。

有机粘土润滑脂适合于润滑在火炉、烤箱、窑炉、干燥器和其他工业设备附近的高温环境下工作的开式齿轮、开式链传动和滑动及滚动轴承等。

3.6.6 聚脲和聚脲复合润滑脂

聚脲为低分子量聚合物，有良好的油溶性和润滑脂增黏剂所需的成胶能力。聚脲润滑脂抗氧化能力很强，而且具有下列优点：

（a）滴点高，243~260℃；

（b）工作温度较高，可达177℃；

（c）低温、高温性能良好；

（d）抗水淋和水洗性优异；

（e）抗腐蚀和抗锈蚀性优异；

（f）剪切和承载特性优异。

结合聚脲和钙复合剂生产的聚脲复合润滑脂既具有聚脲优异的高温低温性能，又具有钙润滑脂优越的极压和抗磨性能。聚脲润滑脂在汽车底盘、车轮轴承、工业滑动轴承和滚动轴承中用作多用途润滑剂时性能良好。优异的可泵性和很低的油分离性使得聚脲润滑脂很适合于用动力润滑脂枪和自动润滑脂润滑中心站润滑。聚脲复合润滑脂适合各种重载工业、极压零部件和重载汽车的润滑。

3.6.7 硅润滑脂

将很细的硅颗粒与高黏度指数润滑油和挑选的添加剂混合，可以调和成有很强抗水、抗锈蚀和抗氧化能力的润滑脂。这种润滑脂稠度均匀，有轻微纤维状外观。此外，还具有以下特点：

（a）高滴点，可达260℃；

（b）抗锈蚀和氧化能力优异；

（c）高温性能优异；

（d）抗水淋和水洗性能优异。

硅润滑脂在温度极高的工业场合有优异的润滑性能。典型用途包括工业窑炉、干燥器及熔炉中使用的滑动轴承和滚动轴承及齿轮的润滑。

3.7 润滑脂的特性及试验

现代润滑脂可在很宽的工作温度和应力状态下有效工作。对某台机器选择润滑脂时必须对润滑脂的一些重要特性及其相关试验有所了解。润滑脂用于不同设备时的性能可用一系列标准试验确定。

3.7.1 稠度

润滑脂的稠度用于说明润滑脂的相对软硬程度。润滑脂的稠度取决于调和时所用的基础油的类型和黏度以及增稠剂的类型和使用比例。美国国家润滑脂研究院（NLGI）按照ASTM D217锥入度试验对润滑脂做了分类。

GB/T 269润滑脂的锥入度试验。图3.63所示的试验仪可测25℃时润滑脂试验锥的沉入的深度。该试验

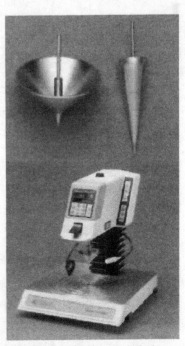

图3.63　润滑脂锥入度计

可测四种类型润滑脂锥入度的试验锥沉入深度：

（a）未工作润滑脂试样：以最小扰动转移到试验及润滑脂容器中的润滑脂试样。

（b）工作润滑脂试样：试验前在标准润滑脂工作器内经受60次双向捣动剪切作用的润滑脂试样。

（c）延长工作润滑脂试样：15~30℃温度下在润滑脂工作器内双向捣动60次后，再在25℃双向捣动60次的润滑脂试样。

（d）块锥入度润滑脂试样：硬度足以保持其形状的一块立方体润滑脂试样。本试验用试样新鲜表面测试其锥入度。

锥入度试验结果用试验锥沉入润滑脂样品中深度（单位用毫米）的十分之一表示。图3.63为测试软润滑脂和硬润滑脂稠度时所用的试验锥。0℃时将GB/T 269所述方法用于同一润滑脂时，所测得的稠度一般会高出1~2个NLGI稠度单位（变硬）。相反，如果在43℃测试，则所得稠度一般会减少1个NLGI稠度单位（变软）。

再现性：GB/T 269中表1、表2、表3。

重复性：GB/T 269中表1、表2、表3。

有害物：石脑油（易燃）。

用途：润滑脂。

表3.5为常用润滑脂NLGI稠度级别。

表3.5 NLGI 稠度级别

NLGI稠度级别号	工作针入度范围（1/10mL）	NLGI稠度级别号	工作针入度范围（1/10mL）
000	445~475	3	220~250
00	400~430	4	175~205
0	355~385	5	130~160
1	310~340	6	85~115
2	265~295		

稠度级别号愈高，润滑脂愈硬，试验锥沉入深度愈小。常用润滑脂的NLGI稠度为1~2。

3.7.2 铜抗腐蚀性

大多数发动机和相关装置中都含铜合金零部件。因此，所用润滑剂不能对铜有腐蚀作用。大多数原油含有硫化物，其中一些对铜有腐蚀作用。炼制高质量润滑剂时会将腐蚀性硫化物除去。但是，某些润滑剂在调和过程中会加入对铜有腐蚀作用的硫基抗乳化剂或极压添加剂。

GB/T 7326润滑脂对铜的腐蚀作用试验。试验中，将一抛光的铜片在高温下浸入润滑脂样品中一段时间（图3.64）。比较铜片表面的腐蚀情况，对照铜片腐蚀标准色板确定腐蚀等级（1~4级）。

再现性：92%。

重复性：96%。

有害物：n-庚烷（易燃）；丙酮（易燃，吸入有害）。

用途：润滑脂。

图3.64　铜抗腐蚀性试验装置

3.7.3　滴点

机器温度从环境温度变化到工作温度过程中，润滑脂逐渐变热，润滑脂的稠度和刚度也跟着变化。正常工作温度下，润滑脂不能变软流动。滴点是润滑脂从半固体到流体的转变温度。用滴点可确定润滑脂的工作温度范围。不要根据观察和感觉估计滴点和稠度。要特别注意工作于很宽温度范围的润滑脂自动分配器是否可正常工作。夏季时润滑脂比冬季时要软得多，工作温度比环境温度高时也一样。

GB/T 4929润滑脂滴点试验。该试验确定润滑脂在给定条件下的滴点。试验装置有一浸入400mL耐热玻璃浴中的试验单元，热浴温度按设定速率上升。加热器、温控器和搅拌器维持温度均匀和温升速率。到达滴点之前，试验温度一直逐渐上升。液滴第一次从试杯滴落的温度为试样的滴点。

再现性：13℃。

重复性：7℃。

有害物：N/A。

用途：润滑脂。

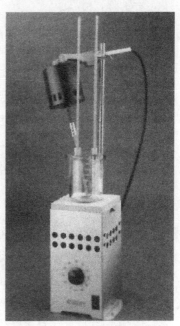

图3.65　润滑脂滴点试验器

润滑脂滴点温度较高时，可用GB/T 3498润滑脂宽温度范围滴点试验法。

3.7.4　蒸发性和分油性

润滑脂所润滑零件的正常工作需要润滑脂中基础油、添加剂和增稠剂在机器运行过程中保持性能稳定。当油与增稠剂的比值减小时，润滑脂变硬，润滑效能变差。润滑的分离是两个不同过程的结果：蒸发和渗出。润滑油的蒸发指的是运行温度较高时，基础油或添加剂中易挥发性轻馏分的损失。润滑油挥发使润滑脂稠化为不能起润滑作用的干面团状材料。渗油指润滑脂工作过程中，润滑油的分离或渗出过程。这种情况很容易从润滑脂润滑区的油状外观和聚集的油液看出。渗油会使润滑脂变硬，不再适合作为润滑剂使用。

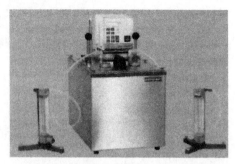

图3.66 润滑剂蒸发损失试验装置

（1）GB/T 7325润滑脂和润滑油的蒸发损失试验。试验装置由一温度控制腔和置于其内的蒸发单元组成（图3.66）。将20克试样置于蒸发单元中，在22小时内加热到预定温度。对试验前后润滑脂样品称重，以所得重量差作为蒸发损失。

再现性：平均值的10%。

重复性：平均值的2.5%。

有害物：N/A。

用途：润滑脂。

（2）SH/T 0661宽温度范围内润滑脂的蒸发损失试验。与GB/T 7325类似，该试验用于确定在较宽温度范围里润滑脂的蒸发损失倾向。试验装置同样由一温度控制腔和置于其内的蒸发单元组成（图3.67）。将20克试样置于蒸发单元中，在22小时内加热到预定温度。对试验前后润滑脂样品称重，以所得重量差作为蒸发损失。

再现性：平均值的15%。

重复性：平均值的10%。

有害物：N/A。

用途：润滑脂。

（3）GB/T 25962汽车车轮轴承用润滑脂的渗漏倾向性试验。本试验用于评价改进的汽车前轮轮毂-轴轴承装置用润滑脂的泄漏倾向性。试验使用严苛的试验条件（111N推力载荷，1000r/min，160℃轴温）使润滑脂老化和失效（图3.68）。试验进行20h。之后，测量润滑脂和润滑油的泄漏量，对轴承冲洗并检查胶质和油漆沉积物。所测得的泄漏量为试验结果。

图3.67 润滑脂宽温蒸发损失试验装置

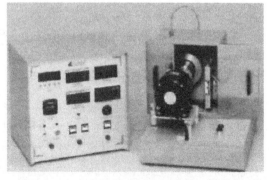

图3.68 汽车车轮轴承用润滑脂渗漏倾向性试验装置

再现性：3.848×两次试验结果的均方根值。

重复性：1.504×两次试验结果的试验均方根值。

有害物：庚烷，异丙醇（易燃）；干洗溶剂汽油，丙酮（可燃）。

用途：车轮轴承润滑脂。

（4）SH/T 0324润滑脂的油分离性试验。该试验用于确定高温下润滑油从润滑脂中分离的倾向性。试验装置由200mL带盖烧杯和置于其中的60目镍丝筛网制成的锥形卷筒和金属丝手柄组成（图3.69）。试验样品置于锥形镍丝网内，并在试验温度下保持规定时间。试验前后对样品称重，确定油分离重量。

再现性：1.51%~6.78%（1%~20%分离量）。

重复性：1.15%~5.15%（1%~20%分离量）.

有害物：N/A。

用途：半固体润滑脂。

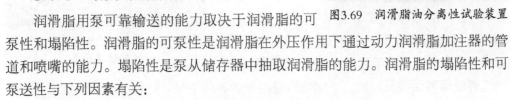

图3.69　润滑脂油分离性试验装置

3.7.5　可泵性和塌陷性

润滑脂用泵可靠输送的能力取决于润滑脂的可泵性和塌陷性。润滑脂的可泵性是润滑脂在外压作用下通过动力润滑脂加注器的管道和喷嘴的能力。塌陷性是泵从储存器中抽取润滑脂的能力。润滑脂的塌陷性和可泵送性与下列因素有关：

（a）用高黏度基础油制得的润滑脂的低温泵送性一般较差。

（b）光滑的、黄油样稠度的润滑脂一般有良好的可泵送性，但塌陷性较差。

（c）纤维状织构的润滑脂一般塌陷性良好，但可泵送性较差。

尽管对于这种特性还没有对应的标准试验，但了解可泵送性和塌陷性却很重要。为了对下游零部件进行有效润滑，必须为动力润滑脂加注器选择正确的润滑脂。

3.7.6　氧化稳定性

任何润滑油和润滑脂从一开始投入使用就会开始氧化和降解。与大气中的氧接触会促使酸性副产物的形成，润滑剂的使用寿命与这些污染物的含量成反比。氧化物通常为不溶性胶质、油泥和油漆，或不溶性有机酸和氧化前期物质。

不溶性产物会增加润滑油的黏度，并在零件表面形成沉积物，从而降低其润滑和冷却性能。最坏时，不溶性产物会阻塞油管或过滤器，导致设备严重损坏。可溶性副产物会增加润滑油的酸性，促进金属腐蚀。良好的氧化稳定性是对润滑剂的关键要求之一，也是估计润滑剂使用寿命的重要因素。氧化速度基本随时间而变，但也会因为高温、污染物（水）和催化剂（铜）的出现而加速。一般，当油的实际温度高于机器的名义工作温度时，油温每上升10℃，氧化速度就会提高一倍。另外，受到粒子辐射时，润滑油的降解速度和氧化速度都会加快。

（1）SH/T 0325氧压容器法（旋转氧弹法）测润滑脂的氧化稳定性试验。该试验用一旋转的压力容器（氧弹），内装油样、水、氧气和铜催化线圈。氧弹内充758kPa压力氧气，在控制的浴中以100r/min转速旋转。当氧弹内压力下降到给定值时停止计时。试油的剩余寿命为氧弹寿命（分钟数从试验开始到氧压下降到给定值）。注意：旋转氧弹试验结果和酸值较差的在用油可以通过纯化去除其中的酸性成分。经纯化后，旋转氧弹试验结果会立即改善。

再现性：下降21~138kPa。

重复性：下降14~69kPa。

有害物：氧（加速燃烧）；庚烷（易燃）。

用途：大多数润滑脂。

（2）SH/T 0773汽车车轮轴承用润滑脂的寿命性能试验。本试验用于评价改进的汽车前轮轮毂轴承装置用润滑脂的高温稳定性。试验采用严苛试验条件（111N推力载荷，1000r/min，160℃轴温），使润滑脂老化和失效（图3.70）。试验以每开20小时就停4小时的周期进行，直至润滑脂失效引起驱动电机力矩超出预定值为止。之后，测量润滑脂和润滑油的泄漏量，对轴承冲洗

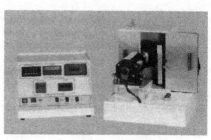

图3.70　汽车车轮轴承用润滑脂寿命性能试验装置

并检查胶质和油漆沉积物。所测得的泄漏量为试验结果。运行至失效值所经历的小时数为试验结果。

再现性：1.2×试验平均值。

重复性：0.8×试验平均值。

有害物：庚烷、异丙醇（易燃）；干洗溶剂汽油、丙酮（可燃）。

用途：车轮轴承润滑脂。

对其他润滑脂和润滑脂润滑轴承，可用ASTM D3336-05e1或ASTM D3337-92（2002）确定使用寿命性能。

3.7.7　抗水洗性

很多润滑脂润滑的零件都会受到周围水蒸气的作用。水会与油形成乳化液或改变润滑脂的织构、稠度和/或黏着性，降低它的承载能力，进而影响其可靠性。

（1）SH/T 0109确定润滑脂水淋特性试验。本试验用于评价受到水淋时，润滑脂黏附到轴承表面的能力。试验时将润滑脂样品填压到球轴承试件内，使其在试验条件下受稳定水流冲击，试验温度为38℃和79℃（图3.71）。试验结果为1小时内被水流冲走的润滑脂重量百分数。

再现性：1.4×（试验平均值+2），38℃。

1.1×（试验平均值+4.6），79℃。

重复性：0.8×（试验平均值+2），38℃。

0.6×（试验平均值+4.6），79℃。

有害物：庚烷（易燃）；干洗溶剂汽油（可燃）。

用途：润滑脂。

（2）SH/T 0643确定润滑脂的抗水喷雾性试验。本试验用于评价受到水喷雾时，润滑脂黏附到金属表面的能力。试验时将润滑脂样品施加在不锈钢试验板上，在规定温度和时间段经受一

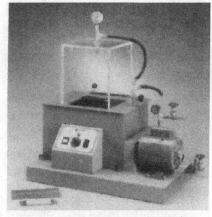

图3.71　润滑脂抗水洗性试验装置

定压力的水雾作用，试验温度为38℃和79℃。试验结果为5min内被水冲走的润滑脂重量百分数。

再现性：18%。

重复性：6%。

有害物：庚烷（易燃）；干洗溶剂汽油（可燃）。

用途：润滑脂。

3.7.8　防磨和承载能力

承载能力一般取决于基础油的润滑性和添加剂提供的减摩和抗粘合性。基础油和添加剂之间的关系要根据润滑油的调和及其用途用不同的试验确定。Falex、Timken等或类似的轴承和齿轮类磨损试验机常用于确定润滑油和润滑脂的摩擦、磨损或极压特性。很多使用这些试验机的试验方法已经标准化。

（1）SH/T 0204润滑脂的抗磨特性（四球法）试验。该法用于确定钢-钢滑动摩擦情况下润滑脂的防磨特性。试验机使一钢球与三个静止钢球之间产生接触载荷并相对转动，用试验润滑剂润滑（图3.72）。试验结果为钢球表面的磨斑尺寸。

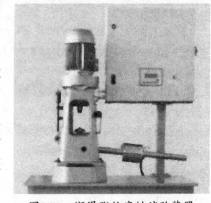

图3.72　润滑脂抗磨性试验装置

再现性：0.37mm。

重复性：0.20mm。

有害物：N/A。

用途：大多数润滑脂。

润滑脂的极压特性用ASTM D2596—97（2002）e1所述试验法确定。该方法使用的试验机亦为四球试验机。

（2）SH/T 0203润滑脂的承载能力（Timken 法）试验。该法用Timken极压试验机确定润滑脂的承载能力。试验使一钢环与一静止的钢块产生接触压力，并在润滑脂试样润滑下使钢环以800r/min转动，试验温度取24℃（图 3.73）。试验结果为润滑膜撕裂并引起磨粒磨损时的载荷（图3.74）。

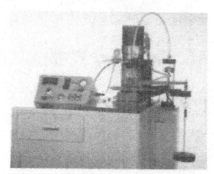

图3.73　润滑脂承载能力试验装置
（Timken试验机）

图3.74　环、块试件

再现性：平均值的59%。

重复性：平均值的23%。

有害物：丙酮（易燃）；干洗溶剂汽油（可燃）。

用途：大多数润滑脂。

（3）ASTM D3704用Falex销块试验机以往复运动方式测润滑脂的抗磨特性试验。该法确定钢–钢摆动或滑动相对运动时润滑脂的抗磨特性。该方法可以区分具有不同滑动磨损特性的润滑脂。试验在润滑脂试样润滑下，使钢销相对于静止的钢块运动。试验结果为润滑膜撕裂并引起磨粒磨损时的载荷。试验速度、载荷、时间、运动幅度、试件表面的粗糙度和硬度根据所模拟的实际摩擦副而变。试验结果为块试件表面磨斑的尺寸。

再现性：平均值的39%。

重复性：平均值的23%。

有害物：N/A。

用途：大多数润滑脂。

（4）SH/T 0716润滑脂的微动磨损防护特性。微动磨损是由微幅相对往复滑动引起的破坏性磨损方式。外部振动引起的微动磨损常常发生于长期关机的储存、备用和应急设备中。该试验用于确定发生微动磨损的可能性以及润滑脂减少微动磨损的能力，并发现能有效抵抗微动磨损的润滑脂。试验使用两个用试验润滑脂润滑的推力滚动轴承，并使它们在预定的振动和载荷条件下运行。试验在室温下进行22小时。试验结果为上、下两套轴承座圈的重量损失。

再现性：3×两次试验质量损失的均方根。

重复性：1.4×两次试验质量损失的均方根。

有害物：n-庚烷（易燃）。

用途：大多数润滑脂。

3.8 国内外润滑剂试验方法

此处汇总了本书中引用的国内外润滑油和润滑脂特性试验标准方法。

3.8.1 润滑油特性试验

表3.6为国内外润滑油特性试验标准对照。

表3.6 国内外润滑油特性试验标准对照表

国外和国际标准		国内标准	
代号	标准名	代号	标准名
ASTM D91	Standard Test Method for Precipitation Number of Lubricating Oils	SH/T 0024	润滑油沉淀值测定法
ASTM D92	Flash and Fire Points by Cleveland Open Cup Tester	GB/T 3536	石油产品闪点和燃点的测定 克利夫兰开口杯法
ASTM D93	Standard Test Method for Flash-Point by Pensky-Martens Closed Cup Tester	GB/T 261	闪点的测定（宾斯基-马丁闭口杯法）
ASTM D94	Standard Test Methods for Saponification Number of Petroleum Products	GB 8021	石油产品皂化值测定法
ASTM D97	Standard Test Method for Pour Point of Petroleum Products	GB/T 3535	石油产品倾点测定法
ASTM D130	Standard Test Method for Detection of Copper Corrosion from Petroleum Products by the Copper Strip Tarnish Test	GB/T 5096	石油产品铜片腐蚀的试验方法
ASTM D445	Standard Test Method for Kinematic Viscosity of Transparent and Opaque Liquids（and Calculation of Dynamic Viscosity）	GB/T 265	石油产品运动黏度测定法和动力黏度计算法
ASTM D482	Standard Test Method for Ash from Petroleum Products	GB/T 508	石油产品灰分测定法
ASTM D611	Standard Test Methods for Aniline Point and Mixed Aniline Point of Petroleum Products and Hydrocarbon Solvents	GB/T 262	石油产品和烃类溶剂苯胺点和混合苯胺点测定法
ASTM D664	Standard Test Method for Acid Number of Petroleum Products by Potentiometric Titration	GB/T 7304	石油产品酸值的测定（电位滴定法）
ASTM D665	Rust-Preventing Characteristics of Inhibited Mineral Oil in the Presence of Water	GB/T 11143	加抑制剂矿物油在水存在下防锈性能试验法

国外和国际标准		国内标准	
代号	标准名	代号	标准名
ASTM D874	Standard Test Method for Sulfated Ash from Lubricating Oils and Additives	GB/T 2433	添加剂和含添加剂润滑油硫酸盐灰分测定法
ASTM D892	Standard Test Method for Foaming Characteristics of Lubricating Oils	GB/T 12579	润滑油泡沫特性测定法
ASTM D893	Standard Test Method for Insolubles in Used Lubricating Oils	GB/T 8926	在用的润滑油不溶物测定法
ASTM D943	Standard Test Method for Oxidation Characteristics of Inhibited Mineral Oils	GB/T 12581	加抑制剂矿物油氧化特性测定法
ASTM D972	Standard Test Method for Evaporation Loss of Lubricating Greases and Oils	GB/T 7325	润滑脂和润滑油蒸发损失测定法
ASTM D974	Standard Test Method for Acid and Base Number by Color−Indicator Titration	GB/T 4945	石油产品和润滑剂酸值和碱值测定法（颜色指示剂法）
ASTM D1266	Standard Test Method for Sulfur in Petroleum Products（Lamp Method）	GB/T 11131	石油产品、润滑油和添加剂中水含量的测定（卡尔费休库仑滴定法）
ASTM D1298	Standard Test Method for Density, Relative Density, or API Gravity of Crude Petroleum and Liquid Petroleum Products by Hydrometer Method	GB/T 1884	原油和液体石油产品密度实验室测定法（密度计法）
ASTM D1401	Standard Test Method for Water Separability of Petroleum Oils and Synthetic Fluid	GB/T 7305	石油和合成液水分离性测定法
ASTM D1500	Standard Test Method for ASTM Color of Petroleum Products（ASTM Color Scale）	GB/T 6540	石油产品颜色测定法
ASTM D1552	Standard Test Method for Sulfur in Petroleum Products（High−Temperature Method）	GB/T 387	深色石油产品硫含量的测定方法
ASTM D1662	Standard Test Method for Active Sulfur in Cutting Oils	SH/T 0194	添加剂和含添加剂油的活性硫测定法
ASTM D1744	Standard Method for Determination of Water in Liquid Petroleum Products by Karl Fischer Reagent	GB/T 11133	液体石油产品水含量测定法（卡尔·费休法）
ASTM D2196	Standard Test Methods for Rheological Properties of Non−Newtonian Materials by Rotational（Brookfield type）Viscometer		
ASTM D2270	Standard Practice for Calculating Viscosity Index from Kinematic Viscosity at 40 and 100° C	GB/T 1995	石油产品黏度指数计算法
ASTM D2272	Standard Test Method for Oxidation Stability of Steam Turbine Oils by Rotating Pressure Vessel	SH/T 0193	润滑油氧化安定性测定（旋转氧弹法）

国外和国际标准		国内标准	
代号	标准名	代号	标准名
ASTM D2500	Standard Test Method for Cloud Point of Petroleum Products	GB/T 6986	石油产品浊点测定法
ASTM D2619	Standard Test Method for Hydrolytic Stability of Hydraulic Fluids（Beverage Bottle Method）	SH/T 0301	液压液水解安定性测定法（玻璃瓶法）
ASTM D2622	Standard Test Method for Sulfur in Petroleum Products by Wavelength Dispersive X-ray Fluorescence Spectrometry	GB/T 11140	石油产品硫含量的测定（波长色散X射线荧光光谱法）
ASTM D2670	Standard Test Method for Measuring Wear Properties of Fluid Lubricants（Falex Pin and Vee Block Method）	SH/T 0188	润滑油磨损性能测定法（法莱克斯轴和V形块法）
ASTM D2711	Standard Test Method for Demulsibility Characteristics of Lubricating Oils	GB/T 8022	润滑油抗乳化性能测定法
ASTM D2782	Standard Test Method for Measurement of Extreme-Pressure Properties of Lubricating Fluids（Timken Method）	GB/T 11144	润滑液极压性能测定法（梯姆肯法）
ASTM D2783	Standard Test Method for Measurement of Extreme-Pressure Properties of Lubricating Fluids（Four-Ball Method）	GB/T 12583	润滑剂极压性能测定法（四球法）
ASTM D2983	Standard Test Method for Low-Temperature Viscosity of Lubricants Measured by Brookfield Viscometer	GB/T 11145	润滑剂低温黏度的测定（勃罗克费尔特黏度计法）
ASTM D2896	Standard Test Method for Base Number of Petroleum Products by Potentiometric Perchloric Acid Titration	SH/T 0251	石油产品碱值测定法（高氯酸电位滴定法）
ASTM D3120	Standard Test Method for Trace Quantities of Sulfur in Light Liquid Petroleum Hydrocarbons by Oxidative Microcoulometry	SH/T 0253	轻质石油产品中总硫含量测定法（电量法）
ASTM D3233	Standard Test Methods for Measurement of Extreme Pressure Properties of Fluid Lubricants（Falex Pin and Vee Block Methods）	SH/T 0187	润滑油极压性能测定法（法莱克斯法）
ASTM D3337	Standard Test Method for Determining Life and Torque of Lubricating Greases in Small Ball Bearings		
ASTM D3339	Standard Test Method for Acid Number of Petroleum Products by Semi-Micro Color Indicator Titration	SH/T 0163	石油产品总酸值测定法（半微量颜色指示剂法）
ASTM D3427	Standard Test Method for Air Release Properties of Hydrocarbon Based Oils	SH/T 0308	润滑油空气释放值测定法
ASTM D3603	Standard Specification for Reagent Water		

国外和国际标准		国内标准	
代号	标准名	代号	标准名
ASTM D3828	Standard Test Methods for Flash Point by Small Scale Closed Cup Tester		
ASTM D4055	Standard Test Method for Pentane Insolubles by Membrane Filtration		
ASTM D4170	Standard Test Method for Pentane Insolubles by Membrane Filtration		
ASTM D4172	Standard Test Method for Wear Preventive Characteristics of Lubricating Fluid (Four-Ball Method)	SH/T 0189	润滑油抗磨损性能测定法（四球机法）
ASTM D4294	Standard Test Method for Sulfur in Petroleum and Petroleum Products by Energy Dispersive X-ray Fluorescence Spectrometry	GB/T 17040	石油和石油产品硫含量的能量色散X射线测定法
ASTM D4310	Standard Test Method for Determination of Sludging and Corrosion Tendencies of Inhibited Mineral Oils	SH/T 0565	加抑制剂矿物油的油泥和腐蚀趋势测定法
ASTM D4683	Standard Test Method for Measuring Viscosity of New and Used Engine Oils at High Shear Rate and High Temperature by Tapered Bearing Simulator Viscometer at 150° C		
ASTM D5185	Standard Test Method for Multielement Determination of Used and Unused Lubricating Oils and Base Oils by Inductively Coupled Plasma Atomic Emission Spectrometry (ICP-AES)	GB/T 17476	使用过的润滑油中添加剂元素、磨损金属和污染物以及基础油中某些元素测定法（电感耦合等离子体发射光谱法）
ASTM D5293	Standard Test Method for Apparent Viscosity of Engine Oils and Base Stocks Between -10° C and -35° C Using Cold-Cranking Simulator	GB/T 6538	发动机油表观黏度测定法（冷启动模拟机法）
ASTM D5662	Standard Test Method for Determining Automotive Gear Oil Compatibility with Typical Oil Seal Elastomers	GB/T 14832	标准弹性体材料与液压液体的相容性试验
ASTM D6121	Standard Test Method for Evaluation of Load-Carrying Capacity of Lubricants Under Conditions of Low Speed and High Torque Used for Final Hypoid Drive Axles	SH/T 0517	车辆齿轮油防锈性能的评定（L-33-1法）
ASTM D6425	Test Method for Measuring Friction and Wear Properties of EP Lubricating Oils Using the SRV Test Machine	SH/T 0847	极压润滑油摩擦磨损性能的测定（SRV试验机法）
ASTM D6616	Standard Test Method for Measuring Viscosity at High Shear Rate by Tapered Bearing Simulator Viscometer At 100° C		

国外和国际标准		国内标准	
代号	标准名	代号	标准名
ASTM D6810	Standard Test Method for Measurement of Hindered Phenolic and Aromatic Amine Antioxidant Content in Non-zinc Turbine Oils by Linear Sweep Voltammetry	SH/T 0910	无锌涡轮机油中受阻酚型抗氧剂含量测定法（线性扫描伏安法）
ASTM D6971	Standard Test Method for Measurement of Hindered Phenolic and Aromatic Amine Antioxidant Content in Non-zinc Turbine Oils by Linear Sweep Voltammetry	SH/T 0910	无锌涡轮机油中受阻酚型抗氧剂含量测定法（线性扫描伏安法）
ASTM D7043	Standard Test Method for Indicating Wear Characteristics of Petroleum and Non-Petroleum Hydraulic Fluids in a Constant Volume Vane Pump	SH/T 0307	石油基液油磨损特性测定法（叶片泵法）
ASTM D7317	tandard Test Method for Coagulated Pentane Insolubles in Used Lubricating Oils by Paper Filtration （LMOA Method）		
ASTM D7919	Standard Guide for Filter Debris Analysis （FDA）Using Manual or Automated Processes		
ASTM E2412	Standard Practice for Condition Monitoring of In-Service Lubricants by Trend Analysis Using Fourier Transform Infrared （FT-IR）Spectrometry		
ISO 6743/4	Lubricants, industrial oils and related products （class L）— Classification — Part 4: Family H （Hydraulic systems）	GB/T 7631.2	润滑剂、工业用油和相关产品（L类）的分类 第2部分：H组（液压系统）

3.8.2 润滑脂特性试验

表3.7为国内外润滑脂特性试验方法对照。

表3.7 国内外润滑脂特性试验对照表

国外标准		国内标准	
代号	标准名	代号	标准名
ASTM D217	Standard Test Method for Cone Penetration of Lubricating Grease	GB/T 269	润滑脂和石油脂锥入度测定法
ASTM D566	Standard Test Method for Dropping Point of Lubricating Grease	GB/T 4929	润滑脂滴点测定法
ASTM D942	Standard Test Method for Oxidation Stability of Lubricating Grease by the Oxygen Pressure Vessel Method	SH/T 0325	润滑脂氧化安定性测定法

国外标准		国内标准	
代号	标准名	代号	标准名
ASTM D972	Standard Test Method for Evaporation Loss of Lubricating Greases and Oils	GB/T 7325	润滑脂和润滑油蒸发损失测定法
ASTM D2196	Standard Test Methods for Rheological Properties of Non-Newtonian Materials by Rotational （Brookfield type） Viscometer		
ASTM D2265	Standard Test Method for Dropping Point of Lubricating Grease over Wide Temperature Range	GB/T 3498	润滑脂宽温度范围滴点测定法
ASTM D2266	Standard Test Method for Wear Preventive Characteristics of Lubricating Grease （Four-Ball Method）	SH/T 0204	润滑脂抗磨性能测定法（四球机法）
ASTM D2509	Standard Test Method for Measurement of Load-Carrying Capacity of Lubricating Grease （Timken Method）	SH/T 0203	润滑脂极压性能测定法（梯姆肯试验机法）
ASTM D2595	Standard Test Method for Evaporation Loss of Lubricating Greases over Wide-Temperature Range	SH/T 0661	润滑脂宽温度范围蒸发损失测定法
ASTM D2596	Standard Test Method for Measurement of Extreme-Pressure Properties of Lubricating Grease （Four-Ball Method）	SH/T 0202	润滑脂极压性能测定法（四球机法）
ASTM D2622	Standard Test Method for Sulfur in Petroleum Products by Wavelength Dispersive X-ray Fluorescence Spectrometry	GB/T 11140	石油产品硫含量的测定（波长色散X射线荧光光谱法）
ASTM D3336	Standard Test Method for Life of Lubricating Greases in Ball Bearings at Elevated Temperatures	SH/T 0428	高温下润滑脂在球轴承中的寿命测定法
ASTM D3337	Standard Test Method for Determining Life and Torque of Lubricating Greases in Small Ball Bearings		
ASTM D3527	Standard Test Method for Life Performance of Automotive Wheel Bearing Grease	SH/T 0773	汽车轮毂轴承润滑脂寿命特性测定法
ASTM D3603	Standard Specification for Reagent Water		
ASTM D3704	Standard Test Method for Wear Preventive Properties of Lubricating Greases Using the （Falex） Block on Ring Test Machine in Oscillating Motion		
ASTM D4048	Standard Test Method for Detection of Copper Corrosion from Lubricating Grease	GB/T 7326	润滑脂铜片腐蚀试验法

国外标准		国内标准	
代号	标准名	代号	标准名
ASTM D4049	Standard Test Method for Determining the Resistance of Lubricating Grease to Water Spray	SH/T 0643	润滑脂抗水喷雾性测定法
ASTM D4290	Standard Test Method for Determining the Leakage Tendencies of Automotive Wheel Bearing Grease Under Accelerated Conditions	GB/T25962	高速条件下汽车轮毂轴承润滑脂漏失量测定法
ASTM D4294	Standard Test Method for Sulfur in Petroleum and Petroleum Products by Energy Dispersive X-ray Fluorescence Spectrometry	GB/T 17040	石油和石油产品硫含量的能量色散X射线测定法
ASTM D5185	Standard Test Method for Multielement Determination of Used and Unused Lubricating Oils and Base Oils by Inductively Coupled Plasma Atomic Emission Spectrometry （ICP-AES）	GB/T 17476	使用过的润滑油中添加剂元素、磨损金属和污染物以及基础油中某些元素测定法（电感耦合等离子体发射光谱法）
ASTM D6184	Standard Test Method for Oil Separation from Lubricating Grease （Conical Sieve Method）	SH/T 0324	润滑脂分油的测定（锥网法）

4

机械系统和机械零件

为了对润滑剂的老化、零部件磨损和关键监测原理有更全面的了解，有必要对一些主要油润零件和机械系统作简要回顾。各种润滑剂加注器和其他润滑系统部件也非常重要，其中一些对油液分析效果有很大影响。

4.1 油润零部件

油润零部件是机器中的承载零部件，包括滑动轴承、滚动轴承、导轨、齿轮系统、活塞环、缸套、联轴器、链传动等。

4.4.1 滑动轴承

很多机器都使用滑动或套筒轴承。滑动轴承中的轴可受流体动力油膜的推举脱离轴承表面，使其运行摩擦和振动很低。一般地，滑动轴承会因润滑膜破裂而失效，导致轴承磨损面切混层破坏。初始故障可由贫油、油污染、油降解或它们的共同作用而造成。极端情况下，损坏会逐渐发展至轴承咬合和轴的损坏。受燃油、冷却水和磨粒污染的润滑油会对轴承和轴表面产生有害的影响。大的磨粒嵌入轴承表面的软敷层时，会导致轴表面的严重损伤。

（1）曲柄连杆轴承。这些轴承通常由两个与曲轴轴颈配合的半圆柱轴瓦组成。为了得到所需要的性能特性，轴承可能是用合适的轴承材料铸造而成的铸件，也可能由几层构成，每层都采用特殊的合金。

铸造滑动轴承一般为单一金属合金，例如铝，而且为了改善润滑性，其上常常有一层铅/锡合金敷层。图4.1为一承受大推力的铸造止推轴承。为了承受重载时有足够的强度和刚度，该轴承采用了重型结构。

图4.1　铸造推力轴承轴瓦

多层轴承一般都是在低碳钢背上敷一层或多层不同金属，以满足承载和润滑需求。有时候以铝合金作为主材料，在其表面敷以锡、铜、镍组成的中间层，最后再镀一层锡。

图4.2为一柴油发动机主轴承材料结构，图中剖面显示的金属层是这种轴承的典型构成。层1是钢背；层2是轴承主材料，通常为铜或镍合金；层3是表层或镀层，一般为软的铅/锡巴斯合金材料。

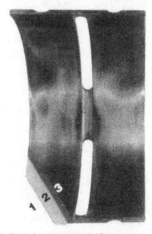

图4.2　柴油发动机主轴承材料结构

为了确定可能与轴承相关的磨损金属来源，分析者必须考虑轴承的结构及其材料。根据金属层的数量和磨损量的不同，可在油样中发现一种或多种不同金属的组合。

下面是一些滑动轴承结构中常用的金属组合：

（a）钢背加青铜内衬和铅锡巴氏合金表面敷层。

（b）钢背加锡/铜/锑巴斯合金敷层。

（c）钢背加烧结铜/镍内衬和铅合金表面敷层。

（d）钢背加烧结铜合金内衬隔板和铅合金镀层，整个轴承表面镀锡。

（e）钢背加铸铜合金内衬隔板和铅合金镀层，整个轴承表面镀铅。

（f）钢背加银内衬和铅合金表面敷层。

（g）钢背加铝合金内衬和铅合金镀层，整个轴承表面镀锡。

（h）钢背加铝合金内衬和铜铝合金敷层，整个轴承表面镀锡。

（i）钢背加铅合金内衬，整个轴承表面镀锡。

建立故障指标时，应向原设备制造商咨询所有轴承中所用金属的确切类型和比例。

（2）工业滑动轴承。工业滑动轴承用于从工业燃气轮机到水泥回转窑的所有类型机械设备中。工业滑动轴承有很多尺寸和试样，包括整周式、分体式和各种可倾瓦结构等。这些轴承常常是定制的，而且为了满足特定的尺寸、载荷、速度和润滑剂技术要求，用多种合金铸造而成。它们与发动机轴承类似，尽管一般要大得多也坚固得多。图4.3为典型蒸汽涡轮机轴颈轴承的结构。图4.4为某压缩机中用的可倾瓦轴承及备用轴互。

图4.3　蒸汽涡轮机轴颈轴承的结构

图4.4　可倾瓦轴承及备用轴瓦

工业轴承可能是用主轴承材料铸造的，或采用钢背敷以一层或多层合金材料制作而成。油液分析者会碰到与发动机轴承材料类似的合金，包括铅/锡巴氏合金、黄铜、青铜和铝。很多这样的轴承是用大型油液循环系统润滑的，因此建立零件故障指标时应十分小心。

（3）套筒轴承。很多机器使用套筒型衬套作为附属轴和部件的轴承。在大型工业机器中，衬套一般用公用循环油系统润滑。即使在油中出现磨屑，也因为油箱尺寸相对较大、轴承表面积较小和机器中含有类似材料的大零件，而难以找到潜在的磨损状态指标，所以油液分析在此可能不太实际。对于小型机械，如采用循化或油浴系统润滑的内燃机、泵和压缩机，用油液分析进行状态监测一般还是划算的。

套筒轴承可以用包括铜、黄铜、青铜或银等各种合金制成，有的时候这类轴承还可能有锡镀层。这些合金比巴氏合金硬，对润滑出现的问题的容限性较差，特别是当油中有硬颗粒污染物时，如图4.5所示为严重磨损的涡轮增压器轴承。

图4.5 严重磨损的涡轮增压器轴承

在套筒轴承合金中含有银或其他稀有金属，以及油箱尺寸不太大的时候，常常有可能建立用油液分析进行有效监测的、可靠的故障指标。任何时候在为小套筒轴承建立故障指标时都应小心。咨询原轴承制造商所用金属合金的构成和比例很有必要。表4.1为一些常见滑动轴承的故障及其原因。

在小型机械应用场合，例如小功率电动机，套筒轴承通常用油或脂作为终身润滑，用油液分析通常不划算。

表 4.1　滑动轴承的故障及其原因

故障	根源	结果
表面剥落	表面工作	轴承失效
表面剥落	严重黏着磨损	轴承失效
表面刮伤	侵入的磨粒	轴承失效
表面腐蚀	润滑油不适合或受污染	产生疲劳，应力增加
涂覆层擦伤	过速或油隙太小	轴承失效
表面麻坑	电流流过轴承	轴承失效
表面麻坑	气蚀	轴承失效
表面黑疤	锡镀层遭腐蚀	轴承失效
微动磨损	低幅振动	轴承失效

4.1.2　滚动轴承

球或滚子类轴承在高速、重载、状态变化大的场合应用普遍，如飞机或航空燃气轮机、机车车轮组件、工业齿轮箱等。典型工业滚动轴承的构造如图4.6所示。滚动轴承的典型零件包括滚子、内圈、外圈和保持架。每个轴承圈上都有使滚动体按一定方式排列运行的轨道。内圈固定在转轴上，外圈固定在机壳或轴承座上。保持架将滚动体分开，并使各滚动体载荷均匀。

滚动轴承通常用轴承钢制造。特种轴承采用陶瓷材料做滚动体。隔离架一般用银或铜或非金属聚合物制作。滚子在滚圈上滚动，摩擦力很小。轴承工作期间，在滚子与滚道（内外圈）接触的微小区域会因为载荷而发生弹性变形。承载面连续工作将导致疲劳裂纹、裂纹开裂，最终形成剥落磨粒。此外，在滚子、滚道和保持架之间还有轻微的滑动。这些磨损的主要结果是所有滚动轴承的使用寿命都变为有限。

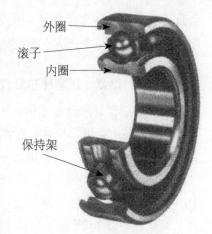

图4.6 滚动轴承的结构

表4.2为滚动轴承的故障及原因。

表4.2 滚动轴承故障及原因

问题	根源	后果
剥落	机械工作	疲劳损坏
表面腐蚀	润滑剂不合适[1]	产生疲劳点
表面出现麻点	电流通过轴承	产生疲劳点
碾压碎屑	润滑剂污染[2]	产生疲劳点
变形	不对中/使用不当	产生疲劳点
变形	轴承座不圆	产生疲劳点
变形	配合不当/加载不均匀	产生疲劳点
表面擦伤	在轴承座中绕转	轴承损坏
伪布氏压痕	受到外部振动	轴承损坏
微动	配合不当或变松	轴承损坏

注：（1）滚动轴承常使用的银部件会受到锌基抗磨添加剂的损坏。
（2）润滑油携带的砂或尘土颗粒能磨损滚子和滚道。大的、硬的颗粒在被碾过时会造成裂缝，最终导致疲劳失效。对于精密零部件，维持油液质量及其清洁并探究磨损金属的任何增加非常重要。

油液分析人员和设备管理者最关心的问题是保证轴承系统无污染。59%的滚动轴承失效是污染和润滑油不合适引起的。在极端情况下，污染引起的损坏会导致隔离架断裂和/或轴承的完全损坏。虽然滚动轴承磨损金属分析只涉及与轴承相关的几种金属元素，但高速滚动轴承的失效却是在很短时间内发生的。为了及早对故障进行预警，对关键轴承系统应安装在线金属分析传感器。

4.1.3 活塞、活塞环和缸套组件

活塞和缸套是内燃发动机、气压机和泵等往复式机械的主要零部件。如图4.7所示，活塞在缸套内移动时，通过曲轴—连杆将直线运动化为转动运动。连杆连接活塞和曲轴。活塞销和销套连接活塞和连杆。

大部分活塞由铸造活塞体和活塞顶组成，但有时活塞顶也与活塞体加工成一体或安装在推力轴承上以允许其在工作过程中转动。在活塞体和（或）活塞顶所铣的槽用于安置活塞环，使其与缸体有合适的界面。

活塞环在燃烧室与曲柄箱之间起密封作用。活塞销—销套和缸套—活塞环间靠流体动力膜润滑。制造商和发动机型号不同，活塞组件的材料构成可能有所不同，但其主要金属组成一般如下：

（a）活塞体一般是铸铁和/或铝合金。活塞的下部或裙部可能有镀锡。

（b）活塞顶自由浮动时，其推力轴承一般采用铜合金。

（c）活塞环一般用铸铁材料，根据用途不同，可能还有镀铬和钼使其具有一些特殊特性。

（d）活塞销一般用钢，但销套一般用银或铜合金。

这些金属中的任何几个都可能组合在一起标示活塞部件的磨损情况。

图4.8为一现代柴油发动机的缸套。该缸套的一个重要特点是其内表面有交叉网纹（图4.9）。活塞向上运动时，网纹的微小沟槽里充满润滑油，对缸套、活塞和活塞环润滑。此交叉网纹不被活塞环槽中大量的沉积物磨光很重要。磨光的缸套与紧配的活塞环表面间不能使足够的润滑油通过。在这种情况下运行，一般会导致活塞卡死。

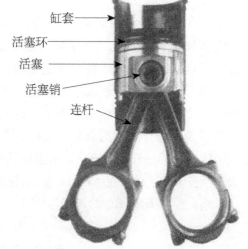

图4.7　柴油机动力总成部件

图4.8　柴油机缸套

图4.9　缸套内表面的网纹结构

与油有关的活塞、活塞环和缸套故障通常由下列原因中的一个或几个引起：

（a）磨粒对油液的污染。磨粒可引起活塞裙部、活塞环和缸套的严重磨损。

（b）活塞缸冷却和润滑不充分。这会引起润滑油膜破裂和随之而来的金属—金属接触。极端情况下，会导致活塞咬合。

（c）燃油对润滑油的污染。燃油降低润滑油的黏度并使之丧失润滑特性，同时使活塞环和缸套产生相应的磨损。2%~3%的燃油稀释会在很短的时间里导致活塞环材料严重磨损。极端情况时（稀释大于5%）会导致灾难性磨损。

（d）润滑油被水污染。水在发动机正常工作温度下有蒸发的倾向，但严重的泄漏会导致自由水污染或油液乳化，这对磨损表面非常有害。水流过炽热的零件时会在瞬间变成蒸汽，从而减少润滑膜的承载能力。

上述任何一种情况都能产生极大的擦伤磨损，若置之不理，将导致活塞、活塞环和（或）缸套的严重损坏。活塞、缸套部件的金属成分和油的污染物（尘土、冷却剂、燃油）是与油有关的活塞和缸套润滑失效模式的最好指标。

诊断活塞—缸套故障时，油液分析者必须注意往复机械的各种不同构造。一些设备中，活塞和缸套部件与曲柄箱同为一体，由同一供油系统润滑。活塞环故障会导致燃烧物（压缩气体）进入曲轴箱并污染润滑油供应系统。另一些设备，如大型十字头柴油机，其曲柄箱和活塞—缸套组件是分开的，分别有各自独立的润滑系统。这些机器气缸和曲轴箱润滑系统可能用的不是同一润滑油，而且绝对不能互换。

因为发动机类型、燃油和所用的冷却介质的种类不同，可能会令进入供油系统的污染物变化很大。应向有经验的使用者或设备原制造商咨询零部件、燃油、冷却剂和其他可能的油污染源的金属合金成分。

4.1.4　齿轮

在几乎所有的内燃机和大多数工业设备中，齿轮用于改变转矩、速度或方向。在齿轮系统中，轮齿啮合时既有滑动又有滚动。图4.10为齿轮的工作区域与速度和载荷间的关系。图中左侧的曲线，"齿轮过载"，描绘的是齿轮传递力矩与其速度间关系。"磨损"曲线描绘的是为避免损坏，齿轮不应超出的力矩和速度范围。这些曲线共同限定了齿轮"正常工作"时应保持的界限。随着载荷和速度的增加，磨损模式从滑动向剥落变化，极端情况下，轮齿会断裂。严重过载会折断整个轮齿。

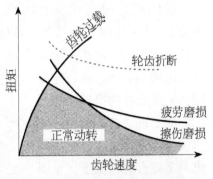

图4.10　齿轮的理想性能曲线

齿轮磨损的主要模式是：

（a）在节线处的滚动接触疲劳（图4.11）。这种磨损模式通常是运转过程中机械作用的结果。随着磨损的进行，疲劳裂纹会张开。增加应力将导致剥落和麻坑形成。碾压磨屑和表面麻坑会进一步增加循环压力，直至齿轮失效。

（b）磨粒磨损。一般，像其他类型的零部件一样，油液携带的磨粒或磨损金属颗粒会引起齿轮总应力的增加。虽极少因此而断裂，但很可能发生过早磨损损坏。

（c）异常差动运动。由齿轮动载荷引起的差动运动可能会在节线附近导致黏着、擦伤，如图4.12所示。

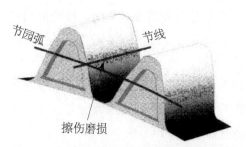

图4.11 节线处的疲劳磨损

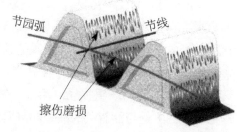

图4.12 节线附近的擦伤磨损

（d）腐蚀。污染的油能对齿轮表面造成腐蚀和损坏。此损坏以细小金属屑从齿面脱离为特征。由腐蚀物质引起的极端污染能导致齿轮失效。

（e）润滑膜破裂。这通常会导致金属—金属直接接触造成严重擦伤磨损。在过载和（或）过速情况下，承载点处发生局部润滑崩溃，造成齿面损坏。极端情况下，这种损坏会引起疲劳剥落和失效。

（f）不对中。锥齿轮和螺旋齿轮必须对中才能正确啮合。不对中量超出误差允许范围会严重损坏轮齿。

这些磨损模式通常使轮齿产生磨屑，尽管由不平衡引起的振动也能使轴承产生磨屑。

图4.13为一些各式齿轮构造和轮齿形式。对大多数齿轮系统，轮齿表面合金的成分是其磨损损坏的主要状态指标。大多数齿轮常常用钢合金制造，而且在热处理中使用碳，以在轮齿上形成高碳钢磨损表面。对这些齿轮，铁是很好的磨损状态指标。除了钢之外，齿轮系统可能还用铜合金、非金属纤维甚至复合材料制造。金属齿轮可以用油液分析中的磨粒分析监测。

大型专用工业齿轮箱通常用一集中循环系统润滑。

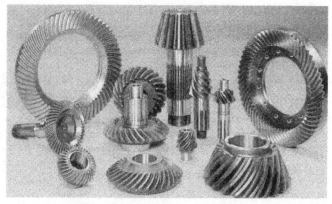

图4.13 各种齿轮构造和轮齿形式

因为这些系统所用润滑油量很大，而且很多类似机器（很多类似的金属成分源）由同一系统润滑，所以磨损金属分析对之是无效的。对于由大型循环系统润滑的关键机械，在每个产生磨损的部件的下游使用在线油液磨屑传感器可能最合算。无论油箱容量有多大，这些传感器都可用于监视磨屑的生成并报告结果。对于飞溅润滑齿轮，应该采用肾型循环管路从齿轮泵向传感器输送油液。建立故障状态指标时，应向设备原制造商咨询零件所用金属的确切类型和比例。

4.1.5　花键联轴器

设备链通常含一系列由一台或多台发动机驱动的从动件。设备链中的很多零件是为检修时方便拆卸而设计的，并依靠花键联轴器联接。花键由外花键和内花键两部分构成。外花键插入内花键上对应的切削槽中，使转动功率通过花键槽从一根轴传递给另一根轴。图4.14为一连接液压泵和动力源的典型花键联轴器。

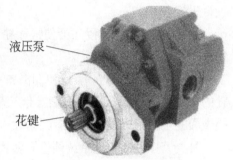

液压泵

花键

图4.14　花键联轴器

花键联轴器与油有关的故障有：

（a）轴不对中。不同心导致相配的花键之间产生差动。这种形式的周期性运动在花键槽上造成附加的应力，并导致微动磨损。微动磨损会产生非常细小的金属颗粒，并对零件表面造成显著的损坏。

（b）润滑剂不足或降解。二者中任一种情况都会引起承载油膜不足和金属与金属的直接接触。

（c）灰尘污染。灰尘侵入会导致花键表面磨粒磨损和损坏。

（d）水污染。水会腐蚀金属表面，也会减少承载油膜并造成金属-金属接触。在海军飞机系统中，盐水特别有害。

花键联轴器通常是钢制的，因此润滑油或润滑脂样品中出现钢磨粒即表示有磨损发生。最好是咨询设备原制造商或有经验的使用者，以确认是否有其他可能的预示磨损的金属。

4.1.6　链和链轮

滚子链传动被广泛应用在轴间距太大以致不能有效使用齿轮传动和扭矩需求太高以致不能有效使用带传动的自动及工业设备中做动力传递之用。图4.15为一典型的链传动。链传动由一对链轮和一根链条组成。与齿轮系统类似，可通过改变链轮的大小增加或减少速度和转矩。

套筒滚子链由套筒、滚子、链板和销轴等构成，如图4.16所示。传递力矩较大时，可用多排链。

链转动中，滚子-套筒、销轴-套筒之间有相对运动，需要润滑以减少摩擦和磨损。链传动一般是开式的，维护时应考虑下列失效模式：

（a）润滑不足和润滑油降解，会导致承载油膜不足。瞬间应力变化引起的金属-金属接触会导致链的断裂。

图4.15 链传动

（b）灰尘污染。灰尘侵入会使润滑表面产生磨粒磨损。随着时间的推移，销和套筒之间的磨损会使链失效。

（c）水污染。水侵入会使链和轮齿锈蚀，极端情况下会导致咬死和破坏。

图4.16 金属链条

这些问题通过链的增长和润滑剂中出现链及链轮的磨损金属而反映出来。像其他机械零件一样，在建立状态指标前，先确定链磨损表面的金属组分很重要。应经常向设备原制造商咨询这方面信息。

种类繁多的链传动系统催生了各式各样的润滑方法，包括：

（a）手工润滑。这些系统周期性采用重质油和润滑脂润滑。此法在很多民用机械，如剪草机、自行车和一些低速工业机械上普遍使用。对这些系统不能进行有效的采样并通过油液分析对之监测。

（b）滴油润滑。在这些系统中，润滑油被连续地加到运行的链上。滴油润滑系统没有油槽，无法对油液采样。

（c）飞溅润滑。将链条浸在位于设备外壳底部的油槽中。此系统像齿轮箱，有助于不断地积累金属颗粒。飞溅润滑系统可以用油液分析进行监测。

（d）喷油/油雾润滑。某些链传动系统带一个加压油润滑系统，将油直接喷在运动的链条上。大多数情况下，油会返回到油槽或集油箱中，因此对之采样是可行的。这些系统可以用油液分析监测。

4.2 机械系统

机械系统通常由产生、改变、变换或消耗机械动力的一些基本机械零部件组成。机械系统可以分为下列几类：

（a）轴承及循环油系统；

（b）齿轮及传动系统；

（c）液压系统；

（d）曲柄箱系统；

（e）润滑脂系统。

每个机器系统都有其具体的设计目的，并可能含几种不同类型的润滑系统。每个润滑系统都有各自的功能，运行时应注意的问题以及为了保证可靠运行和寿命长应遵守的维护程序。为了合理解释油液试验数据，油液分析者必须了解这些系统在设计和功能方面的差别。

4.2.1 工业循环油系统

循环油系统一般用于以发动机为动力的商用或民用机械以及很多类型的工业润滑和流体动力机械中。这些系统用油泵将润滑油从油箱或油池中抽出，经过滤系统、油冷却器和工作零部件，再送回油箱或油池。油温靠图4.17所示的散热器或图4.18所示的热交换器（冷却器）维持。

图4.17　小型机械润滑系统用风/油冷却系统

工业润滑油循环系统容易受到冷却水、腐蚀性工艺介质、空气中夹带的灰尘和磨损金属等污染。这些污染物促使磨粒磨损、金属零件腐蚀、油液降解和油泥及油漆沉积物形成。对工业循环系统润滑油监测数据解释时，主要考虑：

（a）系统的大小和目的；

（b）油润零部件的数量和类型；

（c）所用过滤和/或纯化方法。

系统的大小（载油量）对磨损金属分析影响很大。一般，每个承载零件的磨损量决定于其摩擦面面积和正常工作期间摩擦面相互作用的次数

图4.18　大型机械润滑系统用热交换器

和持续时间。因为每个摩擦副的磨损率基本恒定，所以油中磨损金属的浓度受油量的影响就很大。相似机器的载油量不同，油中金属的浓度就不同，对数据解释的原则也会不同。很大的载油量有可能将磨损金属的浓度稀释到油液监测仪器可靠监测范围之外。

油润零件的数量和类型也会影响油液分析数据的解释及诊断的可靠性。包含大量相似轴承的循环润滑系统，如造纸机械的润滑系统，会降低用磨损金属分析发现故障轴承的可靠性。相反，对润滑一个轴承的小油箱润滑油监测，能对轴承的磨损和整体状态做出可靠的诊断。对处于这两种极端情况之间的机械，将某些磨损金属和具体零件联系起来的难度会随着油润零部件的数量和类型增加而增加，除非被诊断零件的材料含特殊金属。这时，零件材料的金属比例可用作判断磨损零件的一个较为可靠的根据。

最后，用于保持循环油系统清洁的过滤和纯化设备的类型和性能等级对磨损和污染分析的影响也非常之大。超精过滤器和高性能纯化器会清除大部分常用油液和机器故障指标，使大部分取样油液分析失败。对于采用高性能过滤和/或纯化系统的

循环油系统,应使用在线油液分析传感器监测磨损和污染,使循环油流经过滤和/或纯化环节之前先通过这些在线传感器。

(1)工业涡轮机。工业涡轮机的参数变化很大,从大型的、速度相对比较慢的水轮机,到转速高达25 000r/min或更高的小型航空燃气涡轮机。工业蒸汽涡轮机和框架式燃气涡轮机的工作速度一般在600r/min到7 200r/min之间变化。涡轮机所需润滑系统通常较大,其油容量一般在7500L以上,而且常常超过30 000L(图4.19)。如此大油量会将磨损金属浓度稀释到磨损金属分析仪器的最低可靠检测界限以下,如光谱仪和铁谱仪。

图4.19 工业蒸汽轮机油容量较大

因为油容量大,换油成本高,对大型工业涡轮机系统要周期性进行油液状态和/或剩余寿命分析。这些系统一般使用滑动轴承,润滑油使用ISO46~48矿物性润滑油。涡轮机油通常指防锈抗氧化(R&O)油。重载涡轮机油由高黏度指数基础油和专门挑选的添加剂组成,以控制生锈、腐蚀、氧化、起泡和磨损。根据用途的严酷程度,可选择抗磨剂或极压添加剂,对应的润滑油分别为AW油或EP油。

大型工业涡轮机润滑油系统的传统问题是水侵入、生锈、结垢和灰尘等污染。这些污染物会时不时地促成磨粒磨损、腐蚀、氧化、乳化以及添加剂耗尽,从而导致油泥和油漆沉积物在零件表面聚集,特别在轴承、轴颈和阀杆处。最近几年里,部分地由于下列原因,油漆沉积已成为一个突出问题:

(a)新型涡轮机体积在缩小,但输出功率却越来越大,增加了润滑剂和零件承受的应力。

(b)用于调峰运行的涡轮机越来越多。这些涡轮停机时容易形成油漆沉积。

(c)涡轮机油的基础油从原来的API Ⅰ类油已换为API Ⅱ类油。虽然API Ⅱ类油更加稳定,但它对氧化物的溶解能力较差,使这些化合物很容易脱离润滑油并形成油漆。

涡轮机油性能的良好发挥依赖于有效的油液状态监测和维护。通常,通过润滑油颗粒计数和化学分析即可对润滑剂状态有足够的了解。对可能发生的降解产物以及油漆进行监测也是必要的。ASTM D6971所述方法可测定氧化物的出现,斑片试验可确定油漆的等级。大型涡轮机系统一般每运行500~1000h需进行一次维护和油液分析。除了过滤系统外,还通过辅助油液净化系统使其可靠性和使用寿命最大。是否采用辅助净化系统视油液分析结果而定,也可以将净化系统安装于系统旁路,进行连续净化。注意:连续净化会减少油液分析时能观察到的磨粒和污染物。

(2)工业电液控制(EHC)系统。工业蒸汽涡轮机也使用EHC系统驱动和润滑涡轮机蒸汽控制阀(图4.20)。这些系统用电子反馈系统控制很多伺服阀和先导阀,通过它们再控制大的蒸汽阀,最终达到控制涡轮机的目的。

工业EHC系统靠近过热蒸汽,温度很高。润滑油产生火花和着火对系统构成严重威胁，所以该系统使用的是高温阻燃润滑油。常用的有磷酯油，如丁基苯酚磷酯。多元醇，聚碱性二醇和蒸汽涡轮机油也有使用。合理维护时，磷酯是非常优秀的润滑剂，其使用寿命是对应的矿物油的数倍。注意：磷酯比水重。所以，污染水会漂浮在润滑油表面，这与矿物油不同。

图4.20　大型蒸汽轮机蒸汽控制阀受EHC控制

　　磷酯润滑油的主要问题是分解和凝胶化。磷酯油分解后会释放酸副产物，在灵敏伺服阀内部形成油漆沉积。这会造成阀的粘滞和阻塞，引发频繁停机，并需要换阀。酸性副产物还会使油液整体酸值增加，使阀的故障率进一步增加。解决的办法是周期性过滤，使油和阀的可靠性最大。

　　为了减少油液的酸值，很多EHC系统使用含富氏粘土和其他酸吸附介质的二次过滤器。为了防止所用的吸附介质进入机械和油箱，在这些二次过滤器的下游再安装高性能后过滤器（绝对过滤精度$2\sim4\mu m$，$\beta=200$）。这些后过滤器采用与EHC润滑油化学相容的合成过滤介质和密封垫片材料。注意：因为遇水后会失效，常见的褶皱纸过滤介质在此不可用。

　　如果使用富氏粘土作为介质，它会向油中释放钙盐和镁盐。应对这些矿物盐监测，因为它们的危害性可能比油液酸性物质更大。此外，水解、氧化或热降解期间产生的酸性化合物会与富氏粘土中的钙和镁反应形成金属皂。这些皂最初是溶于油的，但随着分子量的增大会沉淀，并形成油泥和油漆。

　　一种更有效的控酸溶液利用可促成离子电荷键合（ICB）的化学树脂材料发挥作用。该树脂会与油液中的酸性副产物反应并对其中和。可在ICB桶之后设置一优质颗粒过滤器，除去酸中和反应时产生的沉积物。ICB系统可以使油液酸值维持在0.005mgKOH/g以下，有效地使新油维持原有状态或降低已用油的酸值。

　　EHC监测项目一般需要油液颗粒计数和化学分析，以确定颗粒物的出现及其程度和/或水污染及降解问题。化学分析应包括酸值和电阻。工业EHC系统一般每500小时或一个月要进行一次油液分析和维护。与涡轮机油、液压油一样，油液清洁度、水污染、酸值和降解是需要关心的主要问题，应予以监测。因油液体积很大，所以一般不用磨损金属分析。

　　（3）飞机和航空工业用燃气涡轮机。飞机和航空燃气涡轮机的工作速度和温度很高，需要使用合成润滑油以保证可靠性和防止可能发生的火花和着火。大多情况下，所选的是黏度为100℃时$3\sim5mm^2/s$的多元醇酯润滑油（图4.21）。该润滑油中通常含抗磨添加剂，以使润滑性和零部件寿命最大。

　　航空涡轮机使用精密滚动轴承，为了令轴承的寿命更长，要求润滑油非常洁净。与相同功率的其他工业和商用涡轮机相比，这些机器润滑系统较小。飞机涡轮机的油箱容量一般小于76L，而大多数工业涡轮机油箱容量则为757L。航空涡轮机用高效率过滤器使润滑油保持高度清洁，所用过滤器的孔径尺寸常为3~7μm。这些机器的润滑油消耗量较高。事实上，飞机涡轮机在每次飞行结束后都需要补充润滑油。这些因素，加上速度和能耗很高，限制了取样油监的有效性，除非取样间隔很短。

图4.21　飞机燃气轮机使用高性能合成酯润滑油润滑

航空发动机最有效的监测是用在线传感器监测磨粒和油液状态。在飞机涡轮机上使用在线传感器能为避免空难提供必要的预警时间。大多数燃气涡轮机已经被当作工业动力涡轮机使用，用于发电。较高的润滑油容量（约750L）和较好的冷却性能可使涡轮机长时间连续工作（图4.22）。较大的润滑油容量降低了油中的磨粒浓度，使传统油液监测方法的使用效果没有在飞机发动机中好。

一旦航空燃气涡轮机出现异常摩擦学状态，灾难性失效的发展速度非常快。因此，为了防止失效，最好是使用基于高效在线传感器状

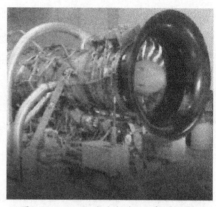

图4.22　工业动力轮机油容量较大

态监测的失效控制策略，而非传统取样分析。异常磨损可以通过合理地调直、转子平衡和正确的油液护理控制，如通过周期性过滤（3μm绝对过滤精度）保持油液清洁度、除水、粒子净化除去分解产物并恢复酸度。飞机和航空涡轮机的油液和油润零件性能应当用在线传感器或周期性过滤器过滤物分析或实验室油液试验监测。综合运用这些方法就能避免这些机器常见的、与油液有关的大部分故障。

（4）集中润滑系统。集中循环系统通常用于向工厂或舰船中的多个机器或装置供应润滑油。这些系统常有一个或多个润滑油回路，每个回路都有自己的油泵、过滤器和冷却器。它们向诸如金属加工和造纸设备等机器链（图4.23）中很多零部件提供润滑油。此外，很多工业制造设备用集中循环系统向制造单元提供流体动力。流体动力子系统含大量的伺服阀和先导阀，为了可靠运行，它们需要油液处于良好状态（图4.24）。

根据用途和工作严酷程度，工业循环油系统通常使用通用或重载轴承油。这些油可按ISO3448所述方法分类。一般性用途用油可为

图4.23　制造机械系统有很多油润和液压动力零部件

ISO32-68防锈抗氧化油，重载用途可为ISO320抗磨或极压油。大型轴颈和推力轴承的工作速度较慢，载荷较大。这些轴承使用AW油或EP油，黏度可达1 500mm²/s。

对大型集中循环系统进行油液分析时，主要关心的问题是含水量、锈蚀、灰尘污染、油液降解和零部件磨损。污染物侵入会促使磨粒磨损、腐蚀、氧化、乳化和添加剂耗尽，从而导致油泥和油漆沉积物聚集，特别在轴颈、轴承和

图4.24 工业液压系统各液压回路有自己的泵、过滤器等

阀杆处。油漆沉积物一般与高酸性、污染物和工作温度高有关。满意的系统性能取决于对油液清洁度和润滑性的维护以及为维持添加剂浓度所进行的周期性补油。

为大量油润零部件供油的大型工业和航海设备用大型循环系统也很常见，对于油液分析者来说，这些设备需要特别注意以下问题：

（a）体积巨大的油量大大稀释了金属磨粒的浓度。一些情况下，这种稀释会使金属磨粒浓度下降到仪器可检测范围的临界值之下。

（b）机器链中的各种零部件通常类似，金属组成也相似。因此，难以将一个单元的金属磨粒与另一个单元的区分开，并做出可靠的诊断。

（c）外部侵入的污染物和氧化物进入后，也因系统油量巨大使其浓度大大降低。

（d）大型工业和海上设备安装的强大过滤和纯化装置会使油中原本可监测到的金属磨粒和侵入的污染物数量进一步减少。

大型压力润滑系统在工作过程中会受到氧化产物、水、磨损颗粒、溶剂、铁锈、结垢和/或灰尘的污染。尽管这些污染物的大部分会被过滤系统除去，但即使少量的污染物也往往能产生腐蚀、磨粒磨损、腐蚀和其他形式的金属磨损。此外，氧化产物、乳化液和添加剂的耗尽会增加润滑油的降解速度并促进油泥和油漆沉积物在机内零件间隙处聚集。因此，要使大型工业油润滑系统有满意的性能就必须保持油液的高度清洁，并控制油液降解和添加剂的损失速度。尽管预防性维护一直以来是防止机器和润滑剂失效的选择，但合理安排的状态监测和视情维护能使系统安全性和性能更高。

大型集中油润系统一般每运行500~1000h需要进行一次维护和油液分析。通过颗粒计数和分子分析即可充分掌握油液状态。因为零部件数量多，循环油量巨大，磨损金属分析一般不太适合。如有必要，油箱油液金属含量可用XRF确定，或通过对油箱底部沉积物或过滤器中俘获的过滤物酸溶后用光谱分析。然而，在系统承载零部件的回油管路上安装在线传感器是对付摩擦学问题最可靠的手段。另外，周期性地增加对油液的过滤和纯化能使油循环系统可靠性提高，油液的使用寿命延长。

4.2.2　集中全损耗润滑用润滑器

很多开式或半开式机械零部件，例如齿轮箱、风动工具、链传动或轴承使用集中润滑器，润滑油或润滑脂自动流经被润滑零件后不再返回油箱。这些机器可能使用油雾或压力系统将润滑油从油箱输送给被润滑零件。

（a）油雾润滑。油雾润滑器用压缩空气将润滑油以油滴形式直接送往零件表面。如果这些系统合理安装、使用和维护，它们能提供非常可靠的润滑。其油/气混合体由油雾润滑器产生，利用的是伯努利原理。干的压缩空气进入发生器后在文丘里处（喉部）产生低压。低压使润滑油从油箱被吸入到发生器。压缩空气使吸入的润滑油雾化成油–空气雾，然后经管道流至被润滑零件表面。油雾润滑器供给零件的润滑油量可用仪表精确度量（图4.25）。对油液到达被润滑零件后不再返回油箱的系统，采用油液分析监测零件状态显然不切实际。但是，将新油加入到油箱之前对其取样分析是可行的，以免引入故障源。

（b）集中"一次"润滑系统。集中全自动全损耗润滑器是一分配系统，能将油箱中的润滑油或润滑脂供给机器链中的很多零部件，如制造机器、印刷机器、材料输送设备。自动全损耗润滑器的中心特征是具有图4.26所示的分配系统。该分配系统含计量装置，能自动控制流到每个润滑点的润滑油或润滑脂量。可对每个计量阀进行调整，根据零件的润滑要求增加或减少润滑剂的供应量。

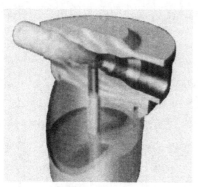 

图4.25　油雾润滑器精确计量给油量　　图4.26　全损耗润滑器润滑剂分配模块

在全损耗润滑系统中，在被润滑零件的下游没有油液分析用油样的采样点。因此，除了对油箱润滑油或润滑脂取样确定其状态外，油液分析不再适用此系统状态监测，必须采用其他监测技术。通过合理维护，自动集中润滑系统可长期为很多不同类型油润零件提供有效润滑。润滑剂级别选用合适时，在室外或冬季该系统都可有效工作。

4.2.3　通用轴承系统

小型电机和泵的轴承，根据轴承的大小、速度和在机箱中可占空间，可用相应的内部润滑剂箱中润滑油或润滑脂润滑。根据用途，这些轴承可用通用或重载轴承油或润滑脂润滑。通用轴承润滑油也可按ISO3448所述方法分类，电机和泵轴承用润滑油的黏度范围为32~68mm²/s，大型重载用途用油的黏度可达320mm²/s。重载时可能要用含抗磨或极压添加剂的润滑剂。注意：EP润滑脂对电机的线圈有害。润滑脂润滑轴承一般使用NLGI 2号通用锂复合皂润滑脂。重载和高温情况需要使用特种润滑脂。

小型工业轴承靠内部油池润滑（图4.27）。润滑油可借助油环到达滑动轴承表面。滚动轴承可用抛油环润滑。通过润滑油的添加可维持这两种润滑方式的可靠运行，除非润滑油已降解或污染。这些系统的主要问题是油液受外部颗粒物或水的污染。如果通过合理的密封或呼吸器防止外部水的侵入，并且将颗粒污染度保持在ISO17/16/13或更高，这些系统就能长期工作。

图4.27 独立轴承常使用油浴润滑

两种系统一般都太小，不便进行油液分析。为了防止外侵污染物造成损坏，必须仔细检查和维护密封和呼吸器。事实上，对从小油池中取样有部分换油的效果，因为取样后必须补油。注意：对机械系统中的关键轴承应周期性地用油液分析来进行监测，以防全系统失效。所有关键轴承应每隔500~1000h检查一次，并列入油液分析计划，以监测润滑剂状态。油液状态的主要指标包括：颗粒污染、水含量、油液降解、酸值和黏度。

除了前述两种润滑方式外，很多工业轴承系统用滴油、油绳和振销加油器作连续润滑。这些系统都是很有效的全损耗润滑器，不能用油液分析监测。为了保证这些系统不出问题，必须采用预防性维护或监测技术，如热图像或振动分析。

（1）滴油润滑器（图4.28）。滴油润滑器一般用于小型、自给润滑剂的机器零件或中低速度和载荷的独立轴承。滴油润滑器靠重力流动施加润滑油。针阀能精确控制加到轴承的油量。对零件润滑后，润滑油将进入外部环境，不再返回储油瓶。

图4.28 滴油润滑器

图4.29 油绳润滑器

储油瓶通常是玻璃做的，或者有一个玻璃做的可视窗，用于观察油位。一些油瓶当油用完了还可以再添加新油，一些是一次性的，用完就废弃。如果维持适当，这些系统会长期提供有效的润滑。但是，此系统的简单性和小油量妨碍了日常的油液监测。

（2）油绳润滑器（图4.29）。小型滑动轴承和滑轨也可以用油绳润滑。油绳润滑器有一小贮油器，靠毛毡材料拧成的绳索将润滑油从贮油器带到润滑零件表面。油绳运送润滑油是利用重力和毛细管作用，其直径和织构决定供油量的大小。对零件润滑后，润滑油将进入外部环境，不再返回贮油器。

油绳润滑器常用于小型自给润滑油的中低速机器零件。油绳润滑器一般有一玻璃观察窗，可以看到油面以便添加新油。维护良好时，油绳润滑器可以在无人看管情况下提供有效润滑。油绳润滑时，不能采用油液分析检测润滑状态，需采用其他监测技术。

（3）振动阀芯润滑器（图4.30）。振动阀芯润滑器利用重力和金属销的振动作用将贮油器中的润滑油带到润滑器表面。阀芯从贮油器沿铅垂方向延伸到旋转的零件表面。轴颈旋转时，其表面使阀芯上下轻微振动。阀芯的上下运动可使一定量的润滑油从贮油器流到轴承中。像其他全损耗润滑器一样，润滑油流经被润滑零件后不再返回贮油器。

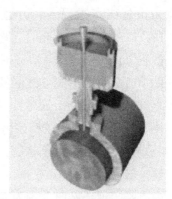

图4.30　振动阀芯式润滑器

振动阀芯式润滑器用于工作速度相对较低的小型滑动轴承。该润滑器一般都有一玻璃盖，通过它可以观察到油位和阀芯的运动，贮油器中的油用完后可以反复添加。维护良好的振动阀芯式润滑器能提供有效的润滑。和油绳润滑器与滴油润滑器一样，用振动阀芯式润滑器润滑的零件状态也不能用油液分析来监测，需寻求其他方法。

（4）脂润滑轴承系统。轻型商用和民用滑动和滚动轴承要求周期性地用润滑脂和润滑油润滑。这些零件一般工作于中低速度（1700~3600r/min）和载荷状态。因此，它们不需要昂贵的动力润滑系统。常温下工作的工业电机用轴承常用NLGI 2号润滑脂润滑，一般为锂复合皂润滑脂。工况严酷程度增加时，可采用含AW、EP或抗磨添加剂的润滑脂。为了使润滑可靠性最大，室外设备中使用的润滑脂应当具有良好的黏附性和抗水淋性。在天气寒冷的情况下，合成基润滑脂可能更适合。

很多小型电机和电机驱动的机器使用的是如图4.31所示的密封滚动轴承。这些轴承在装配过程中加注了润滑脂。所使用的润滑脂为专用润滑脂，在轴承的整个寿命周期中能可靠地工作。密封轴承中所加的润滑脂量不大，而且不能打开取样。这些系统不适合用油液分析来监测，为保证可靠运行，必须采用其他状态监测技术。

其他轴承需要周期性地补充润滑脂。这时，通过手工填装添加润滑脂（图4.32），或轴承装置本身有一润滑脂腔，可以用专用填充器填装，例如润滑脂枪。注意：滚动轴承座上有一排放塞，可排放旧的或多余的润滑脂。给滚动轴承加注润滑脂时不打开排放口会导致密封失效。给滑动轴承加注润滑脂时，老的润滑脂会沿着轴与轴承之间的间隙从轴承装置中被挤出，如图4.33所示。润滑脂氧化后呈酸性，对金属零件有腐蚀作用，应将其从轴承中排出。

图4.31 密封轴承不能用油液分析来监测

图4.32 一些轴承需要手工施加润滑脂

图4.33 靠人工加注润滑脂的轴承

为了降低润滑脂维护成本，可在小型独立轴承上安装润滑剂加注器。这些加注器通常有靠电池驱动的小型泵、控制电路和可更换的贮脂器。使用者可以选择加注周期，如一星期一次或一月一次等。如图4.34所示，加注器一般直接装在轴承盖上，按程序设定的周期向轴承加注润滑脂（图4.35）。润滑剂流入轴承，起润滑作用后流出，进入外部环境。贮脂器内润滑脂用尽后可将其废弃。很自然，这种类型加注器的"全损耗"特点使通过分析润滑剂对零件状态进行监测成为不可能。贮脂器中的润滑脂还没有进入摩擦副，因而不含任何被润滑零件或在用润滑脂的状态信息。尽管这些轴承系统是自动润滑的，但也不能对它们放弃维护。轴承座内部会逐渐形成一些沉积物，需要对其清理。

图4.34 自动润滑脂加注器

图4.35 自动润滑脂加注器内含精确控制加注时间及加注量的控制器

润滑脂状态很难确定，一方面很难获得有代表性的润滑脂样品，另一方面取样和试验程序一般都是针对润滑油制定的。流变学试验可确定在用润滑脂的稠度和其是否适合进一步使用。

当老的润滑脂从轴承座中排出时，也许能获得分析用样品，但取样时很容易受到污染。取到样品后，在试验开展前要对其进行特殊处理。多数时候是对样品用干净的轻油或溶剂稀释，然后用发射光谱或铁谱确定其中携带的金属。尽管可以确定样品的金属含量水平，但试验结果不一定就能反映具体的故障，在对试验数据解释时需要用到以往脂润滑轴承系统分析的经验。

4.2.4 工业机床

制造工业使用大量机床和机器将金属加工成有用的零部件。铣床和车床为机床中的两大类，和其他机床一样，它们都是用工件和/或刀具的运动完成金属成型任务的。通常，机床都有高速主轴和低速导轨。每个零件都有其特殊的润滑问题，因而需要很多特种润滑油。

机床导轨主要是滑动或滚动轴承，形状为直线轨道或杆条。导轨油的黏度等级从ISO68到ISO220不等，其中含油性添加剂，以保证润滑油能黏附在裸露的金属表面。滚动摩擦导轨为流体动力润滑，需要用黏度较低的、含抗磨添加剂的油。

图4.36中所示的滑动导轨为边界润滑。工作过程中，其工件卡具的运动速度相对较低，不能建立起足够厚的油膜。滑动导轨一般使用含极压添加剂的、黏度较大的润滑油，润滑方式为手工润滑或全损耗润滑器润滑。导轨上的油不会再流回油箱，对其取样也不反映导轨的磨损状态。但油中的硬质颗粒会划伤轨道表面，降低机床加工精度。机床导轨必须非常干净，以保持机床的精度。

图4.36 机床有其特殊的润滑要求

机床主轴的转速从几十转每分钟到超过60 000r/min。油的黏度随主轴转速而变。低速轴一般使用含抗磨添加剂的ISO 10~68号油。轴速增大时，为维持合理的润滑，所需黏度也成比例地减少。轴速很高时，使用特殊黏度的或黏度低至2mm²/s的特种油润滑。某些情况下，可能要用乙二醇/水混合物或合成酯调和的特种油润滑。

现代机床系统含多轴电器或电液伺服系统对刀具和工件进行精确控制。这些机床系统所用润滑系统的作用常常是多方面的：提供流体动力、润滑、冷却和清除切屑。这些系统组成简单，坚固耐用，工作油压一般在800~1200mm²/s。为了避免油液受灰尘和切屑污染，现代机床系统都安装有高效过滤器。维护良好时，除了按制造商的要求更换过滤器外，几乎不需要特别关注，这些系统即可工作7年甚至更长时间。

机床润滑油系统的主要问题是油液的清洁和老化。油中的硬质颗粒会对机床内表面造成磨粒磨损和冲蚀磨损，损害机床精度和可靠性（图4.37）。这些问题可以通过采用合适的密封、过滤和呼吸器解决。油液清洁度保持在ISO 17/16/13或稍高一些即可。但是，如果提高过滤精度比较划算或外部污染较大，也可进一步提高过滤精度。周期性的纯化也能去除油中水分和氧化产物，使油液保持在类似新油的状态。

图4.37 机床主轴系统需要用非常洁净的润滑剂润滑

对机床润滑系统进行油液监测是必要的。周期性的维护无疑会保护敏感元件，但维护成本往往较高，开展在线维护能降低总成本。除了清洁度外，应周期性地对机床油液进行状态和污染分析，如水分。因为存在切屑侵入的可能，磨损金属分析可能不可靠。这样，对过滤器碎屑进行分析可能是较好的选择，因为机床零件摩擦面产生的磨损金属的量很小。

4.2.5 机械压机和冲压机

制造机械，如压机、金属冲压机和注模设备对机械制造工业非常重要。这些系统用机械和流体两种动力系统完成相应的任务。图4.38所示压机的机械系统通过偏心轮和曲轴将电机的转动动能转变为移动动能。这些系统使用承载能力很高的轴承和齿轮，为了可靠性最大和工作寿命最长，根据具体用途不同需要使用ISO 46~220抗磨油。机械压机和冲压机的主要问题是：

（a）做机械功和使承载表面劣化的瞬间应力很大。

图4.38 压机能产生很高的机械力

（b）侵入的污物和水使润滑状态变差，并增加油液降解的速度。

应对这些机械系统所使用的润滑油定期监测，使其处于可靠状态。500~1000h的采样周期已足以防止外来污染物和油液氧化产物对机器状态产生副作用。主要状态指标为磨损金属、油液降解副产物、侵入的污染物，如灰尘和水。油液状态可用颗粒计数和傅立叶变换红外光谱（FT-IR）确定。机器磨损状态用发射光谱或过滤器碎屑分析确定。尽管可用发射光谱确定磨损金属的水平，但对试验数据解释时还需参考机械压机和类似机器分析的经验。

4.2.6 齿轮系统

商用齿轮系统用于将发动机输出的动力传送到另一个或多个其他从动零件上去。这些装置的输入速度可以很低也可能很高，输出速度也可能很低或很高（图4.39）。齿轮系统通常用无压力重力循环系统润滑。齿轮箱的底部作为润滑剂储存箱或油池。一个齿轮或多个齿轮的部分轮齿沉浸在油中，齿轮运动将油池中的润滑油直接溅到齿轮摩擦表面。某些系统里，集油杯或机器中的流道会将溅起的润滑油引导到轴承或其他需要润滑的零件上。

图4.39 齿轮系统有其特殊的润滑和油液分析问题

工业齿轮油用高黏度、精炼基础油和控制锈蚀、腐蚀、氧化、成泡、磨损和极压磨损等的添加剂调和而成。合成齿轮油用于载荷大或温度很高的重载或特殊场合。

工业齿轮油根据齿轮类型、大小、速度、载荷和工作温度选用。速度较高、温度较低时使用黏度较小的齿轮油。相反，速度较低、温度较高、载荷较大时使用黏度较高的齿轮油。工业和汽车齿轮系统通常需要黏度较大的齿轮油，其黏度级别从ISO 46到ISO1500或从SAE 60到SAE250（冬季：从SAE 75W90到SAE 85W40）间变化。直径小于200mm、工作温度到25℃的平行轴减速器齿轮（图4.40）一般使用ISO68~100（SAE 20~30或SAE 20W20~75W90）的油。直径较大或工作温度较高的油需选黏度较大的油，有时选用最高黏度达ISO320（SAE 85W140）。

图4.40 平行轴齿轮一般使用ISO 68~100润滑油

工业行星齿轮、螺旋齿轮和直齿圆锥齿轮，如图4.41示，一般根据速度、载荷和工作温度，选ISO68~ISO220油。大多数情况下，这些齿轮油都含AW或EP添加剂，以在启动—停止和高载荷下有更多保护作用。工业重载锥齿轮箱一般使用ISO320AW或EP油。圆柱双包络涡杆涡轮传动一般使用ISO 460~ISO1000重载复合齿轮油。重载齿轮油也可能含3%~10%脂肪油或摩擦改进剂，如石墨或二硫化钼。

工业或商用齿轮箱。工业用小型齿轮减速或增速箱载的油量中等（用于飞溅润滑），非常适合用油液分析进行状态监测。对于关键设备或远距离用途，如取样困难的风力涡轮机，在线磨粒传感器可能更适合。

大型工业和海上设备齿轮用高压或重力循环式润滑系统。这些设备可以用油液分析监测，但因载油量大，难以取得有代表性的油样，磨粒分析的有效性会大大降低。

图4.41 螺旋齿轮和锥齿轮通常用黏度较大的AW或EP润滑油

齿轮磨损产生的大量正常磨损颗粒会进入齿轮箱润滑油系统。此外，含内摩擦片、联轴器或制动器的齿轮箱也会积攒大量的碎屑，一般是金属的或纤维的。正常颗粒水平也会因为污物和水的侵入而进一步提高。过多的污染会降低油液的性能，对齿轮和轴承表面造成磨粒磨损，还会导致油泥和沉积物产生。因此，应用过滤小车周期性地对油液进行清洁，并进行监测以保证颗粒和磨损水平低于规定界限。油液起泡也是工业齿轮系统的一个问题。起泡会减低润滑效率，增加摩擦和功率损失。

根据轴速和齿轮大小的不同，为确定油液状态和污染，应每隔250~500h取样一次分析。如果不对油液进行补充过滤和纯化，每运行1000~2000h就应对这些系统换油。通过对油液取样分析，很容易监测齿轮磨损。通常用发射光谱和铁谱技术对磨损做定量分析。为了对金属做进一步的精确分析，确定磨损金属总量，还应通过磨粒分析对补充过滤用滤芯中俘获的碎屑进行分析。含在线磨粒传感器的小型循环润滑系统能记录齿轮产生的任何严重磨粒，并对其做出解释。油液状态、污染和降解可用FT-IR监测。

4.2.7　变速箱系统

商用变速器系统用于控制从一个或多个发动机传递到一个或多个被动件上的轴功率，如车轮、螺旋桨和转子等。很多手动控制的变速箱使用飞溅润滑系统。自动和流体静压控制的变速箱一般用压油系统，既可润滑又可作为流体动力。这些机器还有实现速度和功率变换的自动控制系统。

工业变速器和力矩变换油用ISO 6743/4按用途分类，汽车类变速器和力矩变换油则根据SAE/API标准分类。另外，根据不同的用途，相关设备制造商、AGMA&SAE的技术规范也可能对变速器和力矩变换油的分类做某些调整。手动汽车和舰船变速箱可使用黏度等级为10W~90W的SAE发动机或齿轮油。为了在大载荷和起/停时提供保护，这些系统通常都使用AW或EP油。自动变速器使用特殊调制的液压油，称自动变速器油（ATF）。这些油类似于液压油，黏度大致在40℃时为40mm²/s，重度大致与SAE 10W油相当。为改善变速箱性能，自动变速器油一般含AW、R&O和摩擦改进剂。飞机和航空工业动力变速和齿轮箱通常用发动机油系统润滑，使用的是含AW添加剂的合成酯油。这些系统应按与燃气涡轮机相同的周期进行维护和监测。

汽车变速器，特别是自动变速器，有很多配合间隙很小的零部件，如阀、滚动轴承和齿轮。与其他流体动力设备一样，为保证平稳运行并防止失效，汽车变速器零部件也需要保持油液洁净（图4.42）。严重的氧化产物或侵入污染会造成阀和其他小间隙配合零件的卡滞、瘀塞和黏着。

与其他关键机械装置一样，为保证可靠工作，工业、汽车和飞机的变速器系统也应该用油液分析进行监测（图4.43）。对这些系统最重要的是油液状态。降解和污染的油会使其润滑效能变差、机械零件磨损增加。变速箱系统的磨损金属分析比较困难。首先，载油量从几升到几百升，各系统的金属浓度变化很大。第二，这些系

图4.42　变速器有小间隙配合零件所以要求润滑油较洁净

图4.43　直升机变速箱需要加强油液监测

统一般含有内摩擦片或离合器，常产生大量磨损颗粒。为了对金属进行更及时和更精确的分析，高性能齿轮系统，如直升机的变速器，在其润滑系统中应安装在线传感器（图4.44）。或者，为了确定总金属磨损量、磨损严重程度以及合理地维护响应，可用过滤器碎屑分析法分析。油液状态、污染和降解可用FT-IR分析监测。电子颗粒计数器应用于对油液清洁度要求极高的航空和自动变速器系统。补充过滤的时间安排和/或换油周

图4.44　飞机变速箱中使用在线磨粒传感器

期对金属颗粒的浓度和颗粒分布影响很大。但是，通过不懈的努力、合理的试验和经验积累，变速器系统的状态是可以用油液分析确定的。

4.2.8　液压系统

　　工业流体动力系统提供了一种将大型发动机的高功率传送至距离或空间有限的地方的灵活方法。图4.45所示的通用液压系统代表了工业和汽车流体动力系统的主要部件。这些系统的主要目的是将发动机驱动的油泵的转动功率转变为驱动压机，控制各种制造机械运行、移动或提升重物，如拖拉机上的铲或斗的移动功率。同时，液压油对液压系统中的各种零部件还起润滑和冷却作用。

　　工业流体动力系统，如工业制

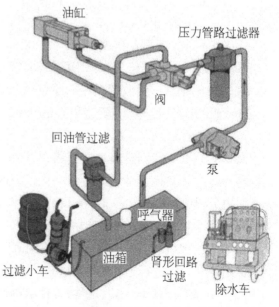

图4.45　液压系统同时使用在线和离线过滤设备

造中所用的系统，为高压液电系统，压力一般在17~100MPa之间变化。大型金属成型、冲压和拉伸机械常使用增压器，最终驱动压力可达170MPa。工业液压油的黏度级别在ISO10~100之间变化。一些特种油的黏度低至2mm²/s（40℃）。液压油按ISO 6743/4标准分类，范围从含添加剂极少的直链矿物油到用于控制锈蚀、腐蚀、氧化和抗磨及极压而含多种添加剂的特殊调和油。表4.3列出了含不同添加剂的液压油代号。

表4.3　含不同添加剂的液压油代号

代号	含　义
HH	不含抗氧剂的精炼矿物油
HL	含R&O添加剂的精炼矿物油
HM	含AW添加剂的HL油
HR	含VI改进剂的HL油
HG	具有抗黏−滑特性的HM油
HS	合成油
HF	阻燃油
HFAE	油水乳化液或水溶液（最大含20%（质量分数）的可燃材料）
HFAS	水（质量含量至少80%）和其他化合物的溶液
HFB	油水乳化液（最大含20%（质量分数）的可燃材料）
HFC	含增黏剂的水溶液（水的质量含量至少35%）
HFD	无水阻燃油
HFDR	磷酸酯油
HFDS	含卤素油
HFDU	其他阻燃油

　　工业液压机常使用ISO46~100号AW油，尽管有时也使用一些特种油，如合成聚α烯烃、酯、二酯、蓖麻油、聚乙二醇和水−乙二醇混合物。操控熔融金属的制造机器通常需要磷酸酯或二酯基油，以提高其抗燃保护性。在需要生物降解性和其他特性的场合，也可能使用特种油。液压装置在汽车中的使用也很普遍，如转向、制动、变速控制和大功率起吊系统等。车辆液压系统的不同必然导致所用液压油的不同。除汽车液压油外，一些移动设备用户还将无清净剂的SAE10W机油当作液压油使用。

　　液压油的化学特性变化范围很大，使用中不应将两种不同类型或牌号的液压油混在一起使用。设备原制造商会针对具体的用途试验若干种类或牌号的液压油推荐给用户使用，所以应按照其要求使用液压油。如果某种液压油不在推荐之列，一般说明该油没有经过OEM试验，除非用户有可用的试验数据。注意：即使批准使用的液压油也可能使用了不同基础油和添加剂，所以没有证实该油可用之前不应将不同牌号的油混在一起使用。在决定替代或混合不同牌号的液压油之前，最好征得OEM还有保险公司的同意。

流体动力系统有各式各样的敏感元件，其工作压力大，配合间隙非常小，如液压阀、马达和液压缸等，它们很容易受到颗粒污染物的损害。因此，大多数重大失效模式都与液压油的清洁度有关，通常有下列几类：

（a）油液受很少颗粒污染时，液压零部件的细小间隙表面也可能受到磨粒磨损、疲劳、瘀塞和卡滞。这些颗粒中最具破坏作用的是比较小的颗粒，即那些$10\sim20\mu m$的颗粒。许多液压器件公司报告，多达80%的液压系统故障源于硬颗粒污染，而且这些颗粒物大多数是由外部进入系统的灰尘（图4.46）。

 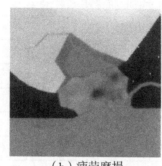 

     （a）磨粒磨损   （b）疲劳磨损   （c）瘀塞

图4.46　80%液压系统失效归因于污染颗粒造成

（b）零部件的卡滞还源于腐蚀和油漆聚集。在诊断和维修中，这些问题的出现常常是间断性的和捉摸不定的。油漆聚集一般源于油中出现过量氧化产物，它还会引起过滤器阻塞。

（c）严重磨损和/或灾难性失效可起因于少数大颗粒（或大量的小颗粒）在零部件间隙处聚集和对表面的磨粒磨损。较大的颗粒可来源于失效密封、硬质密封材料或制造或维护过程中留下的碎屑。

（d）内表面的腐蚀或磨损会使液压系统性能慢慢降低。系统性能的降低同样可源于流体黏度的改变，系统管路的受弯、阻塞和损坏，不良的维修和不合理的过滤。系统性能降低将导致能耗增加。

例4-1　几年前美国施隆德公司对某制造厂的液压系统进行了分析。该厂所用的16台注塑机使用同一流体动力系统。流体系统的设计比较保守，很多年一直运行良好。但分析显示其性能普遍下降，主要原因是流体长时间受到污染。性能损失不是由单一问题造成的，而是由许多小问题造成的。所有问题集合到一起使系统性能下降。性能损失导致能耗大量增加和马达及泵的寿命减少。对系统进行维修和实施状态监测后，每月节约的电力超过＄3200。

对付液压系统性能衰退或损坏的最有效方法就是良好的过滤，以及可早期探测并能延长元件使用寿命的日常监测方案。如果液压油的清洁度和工作温度都能维持在预定范围，液压系统就几乎不需要什么维护。外部侵入的颗粒污染可通过过滤去除；但是，通过更好的维护，防止灰尘进入系统可能更为有效。为此，可采取以下措施：

（a）绝对不要添加未经过滤的油。使用前一定要对新油进行预过滤，过滤器绝对精度取3μm，β值取200或更高。最终进入系统的油液清洁度应优于系统大多数敏感元件所要求的清洁度。

（b）购买新油时要指定清洁度。

（c）保证系统工作温度不高于要求的最低温度。高油温会增加油液的降解和油漆沉积于零件表面的速度。阀芯上出现沉积物会导致系统失效。

（d）对低压系统（17MPa），将颗粒污染度维持在ISO 16/14/12更好；对高压系统，系统的颗粒污染度越低越好。

（e）系统较大时，通过补充净化除去油中颗粒物、水和氧化物。大多数现代纯化系统可使油液保持在类似新油的状态。对合成磷酯和多元醇酯油采用离子交换树脂过滤，将酸值维持在0.05mgKOH/g以下。

（f）为保证长期清洁和可靠，应对油箱周期性地检查和清洁。根据用途，一般4~10年一次。

对所有的流体动力系统都应进行监测。工厂液压系统采样周期一般为500~1000h，移动设备一般为250~500h。对于大多液压系统，油液清洁度和降解是主要问题。选择合适的试验项目，以清楚了解油液颗粒污染水平、油液状态以及零件磨损（若有必要）。较大的油容量和较高的过滤精度会降低光谱分析或铁谱分析对金属磨粒分析的有效性。如果认为磨损会引起系统故障，可安装在线传感器直接监测零件磨损。

4.2.9 曲轴箱系统

曲轴箱系统是指那些利用曲轴和活塞装置将往复运动转变为直线运动或相反过程的机器。最为常见的曲轴箱机器就是内燃机和压缩机。曲轴箱系统通常用内循环油系统润滑，油液被飞溅到汽缸壁和活塞的下方，通过油路输送到其他油润零件。除很小的系统，曲柄箱润滑油系统一般都有过滤器和冷却器，而油冷却器和过滤器可能含压力敏感旁路阀，以防止油路阻塞时出现乏油。

图4.47为一典型的商用柴油发动机润滑系统。油从油槽出来，经过热交换

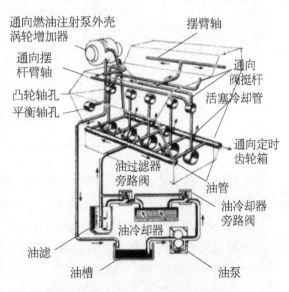

图4.47　商用柴油发动机润滑系统

器、过滤器、油润发动机零部件后返回油槽。多缸往复式内燃机有很多承载零件。这些机器的油容含量对其磨损面积而言属中等，很适合用油液分析做状态监测。但即便如此，考虑各种曲轴箱类型、润滑、冷却方法和所用润滑油的显著差异也很重要。这些差异在数据解释时既带来问题也带来机会。

（1）汽车发动机。汽车和商用柴油机油与工业用润滑油的区别很大。发动机油一般用高黏度基础油和所选的能控制锈蚀、腐蚀、氧化、成泡、倾点，以及酸性产物、不溶物和沉积物聚集的添加剂调和而成。这些油根据用途按SAE和API的分类法分类。

商用和汽车曲轴箱油的技术规格包括黏度等级、黏度指数、碱值、API服务码。每种零件用的API机油类别都有一个唯一的代号，以示区别。该代号明确区分了汽油机、柴油机和汽车齿轮，表明适用的设备及其建造年限（对应不同的添加剂包）。表4.4为汽车发动机机油及齿轮油代号及应用。

表4.4　汽车发动机油和齿轮油代号及应用

汽油发动机油		柴油发动机油		汽车齿轮油	
代号	对象发动机年份	代号	应用对象	代号	应用对象
SA		CA		GL1	LD手动变速器
SB		CB		GL2	汽车涡轮涡杆
SC		CC	淘汰	GL3	MD手动变速器
SD		CD		GL4	MD螺旋&准双曲面齿轮
SE	淘汰	CD-II		GL5	HD螺旋&准双曲面齿轮
SF		CE		GL6	作废
SG		CF		GL7	HD手动变速器
SH		CF-2	当前—两冲程		
SJ	<2001	CF-4	淘汰		
SL	<2004	CG-4	当前—高速四冲程		
SM	<2010	CH-4	当前—高速四冲程		
SN	当前	CI-4	当前—高速四冲程		
		CJ-4	当前—高速四冲程		

360kW以下的小型汽车汽油发动机一般使用SAE0W-30至10W-50，且碱值在7~10mgKOH/g之间的多级油。功率在150~360kW之间的小型柴油机使用15W-40至20W-50之间，且碱值在10~20mgKOH/g之间的多级油。注意：发动机的大小和机油的黏度或碱值之间没有固定的关系。但是，发动机的工作循环愈严酷或工作温度愈高，所需的黏度和碱值一般愈高。

内燃机曲轴箱容易进入燃油和燃烧串漏产物，所以使用寿命一般比液压机械的要短。小汽车和商用柴油发动机的机油容量小，容易很快被积炭和燃烧产物污染。根据发动机的类型和使用情况，机油和过滤器每150~300h或5000~16000km需更换一次。使用合成润滑剂、高级过滤器和油液状态传感器的高端汽车发动机，换油周期推荐为50 000~160 000km。通过状态监测可以延长发动机油的使用寿命，但很小的发动机除外。油容量在4~8L的发动机，使用油液监测一般不合算。但对于较大和较为昂贵或重要的发动机还是应该进行油液监测。

例4-2 2002年某公司对两个矿区的采矿设备开展了现场油液监测。分析仪器（图4.48）由现场机修工兼职操作，数据解释由油液分析专家系统进行。从2002年中至2003年中，使该公司使用的多个品牌采矿机润滑油使用寿命成倍延长，节约了大量成本。此外，使用油液监测和专家分析系统后，设备没有发生过意外磨损失效。

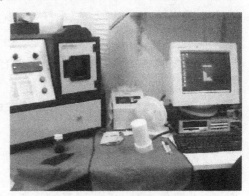

图4.48 某实验室元素和黏度分析系统

油液分析可很好地说明汽车汽油和柴油发动机中与磨损有关的失效模式。因此，如果成本核算，就应对其每隔150~200h取样一次，并分析常见失效模式指标，包括：冷却液侵入（水/乙二醇）、燃油侵入、氧化、氮化、硫化、炭灰串漏和磨损金属。这些指标很容易用原子发射（AE）和FT-IR光谱仪确定。

（2）大型工业和舰船发动机。工业和舰船设备使用大型中低速发动机作为其原动力。为中速柴油发动机调和的润滑油有应对这些设备可能经历的严酷负载循环应具备的特性。商业和铁路机车用中速柴油机油使用特殊的添加剂，其黏度等级有SAE40或20W-40，碱值7~20mgKOH/g。类似的舰船用中速柴油发动机一般使用有高清洁性的超碱性油，其黏度等级为SAE30-50，碱值为30~40mgKOH/g。

很大的低速（十字头）柴油发动机的曲轴箱和气缸润滑系统是分开的。曲轴箱润滑系统向轴承系统提供润滑，所用润滑油黏度等级为SAE30或SAE40，碱值为30~40mgKOH/g。润滑活塞、活塞环和缸套的气缸油的黏度较大，为SAE 40和SAE50，碱值为40mgKOH/g或更高，如果是舰船用发动机则碱值可能达70mgKOH/g。因此，柴油发动机的曲轴箱用润滑油和气缸用润滑油的化学性质不同，绝不能混合使用。图4.49所示为一功率为22MW的大型船用柴油发动机。

图4.49 大型船用柴油机

大型工业和舰船用发动机一般使用多个压油润滑系统对零件润滑，有时候可能还会使用附加的泵、过滤器和冷却器。这些附加的润滑系统可能在发动机启动前先行运转，对发动机进行预润滑，也可能在发动机停机后才运转，以防止润滑油和发动机零部件发生高温损坏。附加润滑系统的零部件，如泵，会成为系统中的一个附加磨损金属源，从而增加分析和诊断的难度。

中低速发动机适合于油液分析，取样也方便。这些机器的失效模式常常与汽车发动机类似（图4.50）。但中低速柴油发动机的造价、大小、功率和复杂性很能证明对其进行油液状态监测在经济上的合理性，而小型高速柴油机不具备这个特点。

商用和舰船用中低速柴油发动机与油有关的主要问题为：

（a）由热交换器缺陷所造成的泄漏（冷却剂或盐水）。污染物，如盐水、空调

图4.50　对大型柴油机应进行油液监测

冷却水或降凝剂能极大地降低润滑剂的性能，并损坏油润零件。对于中速柴油发动机，冷却剂侵入占与油有关故障的50%。

（b）因为活塞环或燃油部件出现问题而串漏（燃油和燃烧副产物）。因活塞串漏而由燃油或硬炭质颗粒造成的机油污染会严重损坏油润零件。燃烧副产物造成的污染严重降低润滑剂的性能。对中速柴油机，侵入的燃油和燃烧副产物引起的故障占与油有关故障的20%。

（c）侵入的颗粒物和大磨粒造成的污染会增加磨粒磨损，使小间隙配合零件失效或发生故障，如涡轮增压机轴承。

（d）油降解会增加油泥和油漆沉积，阻塞小的油道、油过滤器和油冷却器。这会升高工作温度，极端情况下会造成阻塞，引起乏油。

（e）油槽失效也会引起乏油和严重的零件损坏。这可通过设置备用油槽解决。

注意：侵入的水、燃油和灰尘也会促进腐蚀和油液降解，导致添加剂耗尽和油泥及油漆聚集速度增加。燃油污染会使发动机油变稠，并引入对滑油质量有害的酸性杂质。

中低速柴油发动机油液分析能对柴油发动机常见的各种与油有关的故障提供极好的指示。这些机器可能在不同的状态下工作，如处于基底负荷或峰值负荷或备用。负荷大小会极大地影响试验数据的解释，特别是磨损数据。基底载荷下，机器运行比较平稳，产生的磨粒浓度最小（基线磨损）。同样一台工作在断续状态下的发动机会受到较大应力，产生较多的正常磨损。铁路机车和采矿机械的应力水平最高，其发动机产生的正常磨损高得多。

在基底负荷工作的机器应200~300h取样一次。断续状态下或高负荷下工作的发动机应每150~200h取一次样。备用或应急用柴油机一般每月或每季度取样一次，取

样频度应保证机内无水和其他污染物进入。油液试验项目包括：制冷液（水/乙二醇）侵入、燃油侵入、氧化、氮化、硫化、炭灰串漏以及磨损金属。这些指标很容易用原子发射光谱和FT-IR光谱确定。

大型柴油发动机系统良好性能的获得取决于对油液清洁度、化学特性和添加剂的维护。这些机器的油容量相对较大，中速发动机为560~1 900L，低速发动机为3 800~15 000L。这些机器的换油周期视其油容量、负载循环、冲程、机油消耗和用途而变。对于4冲程低油耗的发动机，换油周期可为500~1 000h，而2冲程高油耗发动机的换油周期可能超过10 000h。配备有辅助油箱的大型低速柴油发动机和中速柴油发动机一般只净化而不换油。现代油液净化装置能除去油泥和油漆前质，保证气缸顶部、曲轴和轴承间隙的最大清洁。配备补充净化器的发动机一般会使油液的使用寿命提高2~3倍。

（3）工业天然气发动机。天然气发动机以"干"天然气（99%甲烷）或合成气作为燃料，运行时比相同大小的柴油发动机干净。为使燃烧室和活塞环无沉积物，燃气发动机需使用无灰分散剂（图4.51）。这些发动机一般使用黏度等级为SAE30或SAE40、碱储量约为5mgKOH/g的高黏度指数内燃机油。为了冬季易于启动，可使用多级油SAE15W40。使用"湿"气、酸气或生物气的燃气发动机含不等量的硫化物（H_2S）、氯化物、二氧化碳（CO_2）和氮气（N_2）。

图4.51　天然气发动机使用无灰润滑油减少沉积物

这些污染物会增加润滑油的氧化速度、形成有机酸，并腐蚀发动机零部件。使用湿气燃料时，为中和相关污染物和它们的副产物，需使用中级灰清洁/分散内燃机油。此外，采用补充过滤和纯化会显著延长机油的使用寿命。

燃气发动机与其对应的柴油发动机类似，也会经历一些与油有关的相同失效模式，包括：水、炭灰、燃烧副产物的侵入以及氧化、氮化、硫化和添加剂耗尽。这些污染会促进腐蚀和油的降解，导致油泥和油漆沉积物聚集。油液分析已证明对中大型燃气发动机适用，采样间隔可取150~250h。油液试验项目包括：制冷剂（水/乙二醇）侵入、燃油侵入、氧化、氮化、硫化、炭灰串漏（戊烷不溶物）和磨损金属。这些指标很容易用AE和FT-IR光谱仪确定。

像其他内燃发动机一样，燃气发动机的良好性能也取决于对油液的清洁度、化学特性和添加剂的维护。对于中低速发动机而言，这些发动机和柴油发动机的油容量基本相同，但因为燃气的腐蚀性，燃气发动机的取样周期一般比柴油发动机要短得多。大的机油载油量还说明补充过滤和纯化的经济合理性，因此建议使用这些装置。

（4）压缩机和冷冻机。大型工业气体和空气压缩机一般使用与柴油发动机类似的循环油润滑系统。但压缩机没有燃烧副产物污染，所以通常使用黏度为46~100mm²/s的润滑油。

制冷机和冷冻机压缩机会受大量致冷剂气体作用，因而需要能与致冷剂气体可溶混的低温润滑油（图4.52）。现在大多数制冷压缩机使用的是能和环境友好型制冷气体很好溶混的合成多元醇酯润滑油。

图4.52　冷冻机用压缩机的润滑方式

较老的矿物型压缩机油不能用于这些制冷机。

在很多工业气体压缩机的工作环境里，压缩机油必须在与各种工业过程气体接触的情况下正常工作，有些过程气体还具有腐蚀性。其他因素，如很宽的环境和工作温度范围、频繁的启动/停车、占空比小以及大载荷等，都会缩短润滑油的使用寿命。大型十字头低速压缩机的曲轴箱和油气缸采用各自独立的润滑系统，轴承和气缸使用的润滑油与曲轴箱不同。气缸和轴承所用润滑油的黏度等级可高达ISO460，通常比曲轴箱油要高。

工业燃气压缩机、冷冻机、制冷机系统需要相对洁净润滑油以维持其正常工作。像柴油机一样，压缩机油的污染是与油有关的主要问题。相对于维护或运行因素，侵入的污染物更容易导致异常磨损。此外，侵入的污染物和气体串漏很容易极大地降低油液质量和性能。油液分析证明非常适合大中型压缩机系统，其采样频率为每200~300h一次。油液分析项目应集中在颗粒污染、油液状态和磨损金属。这些指标很容易用光学颗粒计数器、原子发射光谱和FT-IR光谱确定。

（5）小型曲轴机器。小型曲轴机器，如民用产品中的压缩机以及便携式空压机，尽管一般不适合做油液分析，但因为它们也是工厂里常见的一种机器，所以在此做简单讨论。小型曲轴机器通常用小油槽润滑。这些系统很少用压力润滑系统，而多采用飞溅润滑和油环润滑曲柄轴承和活塞。油环绕在轴上，部分浸入油槽中。油环随轴转动时，利用油的黏附性和自身的转动作用将油槽中的润滑油带起，传送到转动轴顶部表面。在重力作用下，油流经轴承返回到油槽中。对于双缸压缩机，如图4.53所示，油环位于两个曲拐中间的位置。为了保证两个连杆轴承都能得到润滑，这些机器的曲柄轴承中心线应要求严格水平。

图4.53　小型曲轴机械中的油环润滑装置

小型往复式机器通常使用SAE20或SAE30发动机油润滑，且耗油量很少。这些机器的工作温度都比较低，但零部件承载区的温度却很高，足以达到使润滑油降解和耗尽添加剂的程度，一般通过周期性换油维持油液的质量。小型曲柄式机器的一个问题是缺乏合适的过滤系统，一般靠周期性冲洗清洁系统。虽然取样很方便，但这些机器的价值相比一套完整的油液分析的成本还是很低。对其进行油液分析，采用与小型柴油机相同的分析项目已足够。

　　总之，规划和实施油液分析项目时，必须了解机械零件、其使用工况、润滑方法和可能的失效方式方面的知识。评价机器的临界状态、确定取样周期、根据分析结果提出维护要求等都需要这些知识。

5

润滑油的过滤与纯化

在讨论机器油液分析之前，必须对保持油液清洁和防止与此有关的机器失效的方法做简单回顾。油液清洁度对于所有机器都是重要的，但对液压系统和小配合间隙的系统，即使很小的颗粒污染和很低的污染度也很容易引起故障。

5.1 油液清洁度

工业机器需要洁净的润滑油以最大限度地保护零件免受油中颗粒物的磨粒磨损和冲蚀磨损损坏。图5.1所示曲轴轴承表面上的划痕证明油中侵入的硬质固体颗粒物能引起失效。油液清洁度对于使用精密滚动轴承和伺服控制阀的高性能机械和液压系统特别重要。这些机械的配合间隙很小，润滑油中的污染物能很快使其损坏。有报告指出，液压系统故障的80%是由$2\sim10\mu m$的污染颗粒造成的。某著名轴承制造商也指出，超过25%的轴承失效是由润滑油受污染引起的。因此，保持油液清洁或不含颗粒物，是实现可靠性最高和寿命最长的最好办法。

除了外部污染外，所有在用机器油液还在经历物理和化学特性的变化，并产生可溶和不可溶污染物。润滑油也会受生产工艺用化学物质和/或磨损金属的入侵污染。合理的润滑油管理，包括利用过滤技术，可降低油液污染，使机器和油液的寿命最长。因为油液的清洁度规

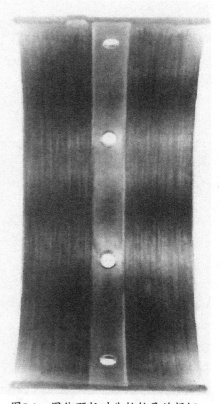

图5.1 固体颗粒对曲轴轴承的损坏

定了机器和油液状态的起点，油液分析诊断的可靠性将取决于对油液清洁性和保证油液清洁所用过滤方法的认识。切记，过滤器能过滤掉油液分析想要测量和定量的所有东西。

5.1.1 认识油液清洁性的步骤

第一步，认识在用润滑油是如何被污染的。机器正常工作时会产生各式各样的污染，包括磨损金属和油液降解的副产物。伴随着环境和机器生产过程侵入的颗粒，液压油或润滑油中会积累大量的污染物。当这些污染物与水和大气中氧及氮相结合时，会形成油泥和油漆沉积物的前质。油泥是一种胶粘性材料，会附着在温度较低的零件表面。油漆沉积物本质上就是聚集在热的零件表面的油泥。油漆沉积物会减少零件间的油隙，妨碍零件的运动。润滑油降解副产物还会酸化，对金属零件

造成腐蚀。此外，它们对增加润滑油降解速度和颗粒污染物及油泥的聚集具有催化作用。去除油中的这些物质会极大地增加润滑油和零件的使用寿命。

第二步，了解油液清洁度如何测量和定量。油中的颗粒通常是用消光颗粒计数器定量测量的。计数器会对一定量油液中的颗粒计数，并按粒度对计数结果划分，再将结果转化为符合国际标准化组织（ISO）4406标准规定的清洁度代码。表5.1为ISO4406转换表，用它可将油样中0.01~2500000个/mL颗粒的计数结果转化为对应的ISO清洁度代码。ISO 4406还给出了油液分析人员感兴趣的粒度范围：≥4μm、≥6μm、≥14μm，并以3个数字对应相应的ISO清洁度级别：

第一个数字代表4μm及以上的颗粒数；

第二个数字代表6μm及以上的颗粒数；

第三个数字代表14μm及以上的颗粒数。

这些粒度区间的选择与当前的颗粒计数技术和中级试验粉尘（MTD）校准标准ISO 12102-A3相符。这些粒度区间还与已终止使用的空气清洁器试验细粉尘（ACFTD）标准相关。对比在用油的清洁度与该机器的油液清洁度统计界限值，若超过界限值则应启动相应的维护措施。从表5.1可知，若所测油样的ISO清洁度为14/12/10，则意味着该油样80~160颗/mL≥4μm、20~40颗/mL≥6μm、5~10颗/mL≥14μm。将这一测量结果和该机器的清洁度界限值做一对比，可作为相应级别的报警。

表5.1 ISO清洁度代码

ISO代码	最小	最大	ISO代码	最小	最大
1	0.01	0.02	15	160	320
2	0.02	0.04	16	320	640
3	0.04	0.08	17	640	1300
4	0.08	0.16	18	1300	2500
5	0.16	0.32	19	2500	5000
6	0.32	0.64	20	5000	10000
7	0.64	1.3	21	10000	20000
8	1.3	2.5	22	20000	40000
9	2.5	5.0	23	40000	80000
10	5.0	10.0	24	80000	160000
11	10.0	20.0	25	160000	320000
12	20.0	40.0	26	320000	640000
13	40.0	80.0	27	640000	130000
14	80.0	160.0	28	1300000	2500000

图5.2表示一般液压系统的油液清洁度与平均故障时间间隔（MTBF）关系。注意，颗粒数的任何增加都意味着工作时间的明显减少。图中所示的粒度范围的重要性与该机器中关键零部件的油液间隙有关。例如，粒度为4~5μm的颗粒对油液间隙为4~5μm的油润零件影响较大。注意，即使油液清洁度的微小改善也会对MTBF产生显著影响。

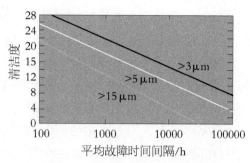

图5.2 ISO污染度与平均故障时间间隔之间的关系

水的侵入和油液降解产物也会对油润零件的性能产生消极影响。表5.2为油中水分含量和轴承寿命间关系（以100×10^{-6}水分含量作为基准点）。注意，即使含水量微小的增加，也会使滚动轴承的使用寿命明显减少。因此，使润滑系统免受水和其他液体的污染非常重要。最后，不要忘记油液降解产生的可溶和不溶产物。使这些材料脱离油液能减少因油漆沉积在零件油隙表面而引发事故。

表5.2 水分含量与轴承寿命间关系*

水分含量/$\times 10^{-6}$	轴承寿命
25	2.59
100	1.00
400	0.52

★润滑剂为SAE20。

第三步，了解如何改善在用油液清洁度和油液清洁技术。大部分机器的润滑系统都是循环系统。设备原制造商认为，从油液系统中滤除所有的污染物是不经济的。OEM一般会在系统中设置过滤系统，滤除最具破坏性的污染物并保证保修期内故障最少。在大多数情况下，所用的过滤器为采用多孔纸和合成介质的旋装式筒形过滤器（图5.3）。这些过滤器能滤除粒度超过过滤介质名义孔径的大部分污染物。良好的油液清洁度要通过机器使用人员的悉心

图5.3 过滤器是防止污染物入侵的第一道屏障

维护获得，包括通过周期性换油去除没有被过滤器过滤掉的剩余颗粒物。但这样做会很浪费，也很昂贵，而且只要机器运行，由细小颗粒污染物造成的损害就会继续。

如果油液加入到设备中时就不洁净，则从一开始使用就会损害设备。此外，筒形过滤器在维持油液清洁度水平，保证油润零件最大使用寿命上存在先天不足。例如：

（a）筒形过滤介质去除对敏感零部件最具破坏性的小颗粒污染物的效率不高。

（b）筒形过滤器采用"名义"颗粒粒径评级，实际通过过滤器的颗粒粒径会比期望粒径大。

（c）原备用过滤筒常为每种设备类型专用，可替代品少，使其价格相对较高。

（d）过滤器纳污容量相对较小，为保证系统正常运行必须频繁更换。这样会导致频繁停机。

（e）在不增加筒的尺寸和表面积情况下，很难减少介质孔径，所以必须增大过滤器壳体。

记住，用效率更高的过滤器换掉标准的OEM筒形过滤器之后，新过滤器的污物充满时间会更快，更换就会更加频繁。因此，采用性能更高的过滤器时，必须加大尺寸，以容纳更多的污物。此外，应保证高性能筒形过滤器额定流量与原过滤器相近，否则，过滤器两侧压差会增加太多，以致旁路过早打开。这些都是提高性能的成本支出。

5.1.2 过滤系统评级

机器中的污染物既有可溶性和不溶性（如磨损金属）颗粒物，也有液体，如水。要将所有污染物从润滑油系统全都过滤除去不太现实。所以，过滤器只用于除去那些危害最大的污染物。根据污染物的不同，在给定机器中可采用机械或介质型过滤器，或者两者都用。

过滤器制造商用过滤等级说明过滤器去除润滑油系统颗粒物的能力。

（a）名义过滤精度。此为过滤器制造商所选用的一个参数，为过滤材料名义网孔尺寸的微米值。但实际上，以名义网孔尺寸作为过滤器所能俘获的最小颗粒的相当不准确。

（b）绝对过滤精度。此为指定条件下过滤器能通过的最大等效球颗粒粒径的网孔微米值。

（c）β（比）值。此为通过油循环试验过滤器前后，大于某一给定尺寸的颗粒数之比。β值是普遍接受的测量过滤器性能的度量指标。

评定过滤器过滤性能通过多次试验法，即ISO4572提出了确定过滤器效率的标准方法，可用于比较过滤器的优劣。可是，β值性能参数有如表5.3所示回馈递减规律的缺点，即一旦过滤系统的β值超过75，过滤效率或者油液清洁度的变化就不明显了。

将β值增加至100以上时，会大幅度地增加过滤系统的成本。因此，油液的清洁度是衡量过滤效果的首要指标，而非过滤器的β值。确定一个特定过滤系统的有效性时，应综合考虑β值和绝对过滤尺寸，还必须考虑流速和油箱体积。

表5.3　过滤器的β值与过滤效率

过滤器β值	效率等级评定	过滤器β值	效率等级评定
1	0.00%	75	98.00%
2	50.00%	100	99.00%
5	80.00%	1000	99.90%
10	90.00%	5000	99.98%
20	95.00%		

例如，如果润滑系统不含$5\mu m$及更大颗粒，选择β值为100，绝对网孔尺寸为$3\mu m$的过滤器应该足矣。同时，污染物侵入的速度一定要小于过滤器的清除能力。否则，就会出现一些污物累积。用下面的试验能大致说明过滤器的性能是否合用。将过滤器装在一个可施加固体颗粒的循环油路中，对过滤器上下游颗粒进行计数。用上游计数值除以下游计数值。若结果大于100，那么过滤器就满足要求。对于试验系统，分析人员一定要弄清污染增加是故障引起的，还是过滤器能力不足。

5.2　过滤系统的类型

机器工作时，其润滑系统中的污染物种类很多。一些是不可溶的，可以用机械的方法除去。其他为可溶性的，必须用化学或电子的方法除去，或者先将其转化为不可溶的，然后用机械方式去除。最为常见的机械过滤系统为筒形介质过滤器，其他常用的过滤方法包括：介质过滤、孔网过滤、涡旋过滤、离心过滤、凝聚过滤、静电过滤、沉降过滤。

机器油液分析的基本任务之一就是测量一定量体积油液中污染物的浓度。而过滤会去除油液分析要测量的部分或全部材料，因此对油液分析的效能将产生不利影响。如果使用效率很高的过滤器，就必须安装在线传感器，并在磨粒和侵入的污染物被滤除之前对其探测和测量。

5.2.1　筒形介质过滤

大多数设备是用含多孔介质的"表面型"过滤器保护的，当油液流过这些介质时，它们能俘获其中的污染物。过滤介质可能会用纸、棉、毛毡、各种合成纤维、金属网或它们的任意组合构成。为了获得最大的强度和流体通流面积，增加流动效率和俘获污染物的效率，将平面介质折叠并放在中心网屏的周围。介质材料本质上平而薄，不能有效俘获粒度与其孔径相近的颗粒。所以，粒度等于或稍大于介质孔径的颗粒会穿过介质。介质厚度小也增加了撕裂和丧失过滤作用的概率。

图5.4为凯特皮勒公司制造的一种高级旋装式介质过滤器，常用于发动机和液压

系统。筒形过滤器的设计各不相同，凯特皮勒旋装式过滤器有如下特点：

（a）密封环防止过滤元件与壳体之间的泄漏。

（b）厚的基板防止高压瞬变时扭曲和泄漏。

（c）在滤芯摺周围织有增强纤维以增加强度和保持合适的空间。

（d）非金属滤网减少了金属颗粒腐蚀的可能性。

（e）有一过滤罐。

（f）辐射状加强筋使滤芯和壳体间的配合更加均匀一致。它同样防止高压瞬变期介质发生扭曲和泄漏。

（g）摺形过滤介质。

（h）有一端盖，防止介质在高压瞬变期发生扭曲和泄漏。

除了非常精密的设备之外，OEM通常所采用的筒形过滤器一般不影响油液分析的测量能力。但是，液压系统和某些航空燃气轮机中用的筒形过滤器滤除磨粒的效率很高。为了进行有效的磨损金属分析，需要使用在线传感器，或者对过滤器中俘获的碎屑进行分析。

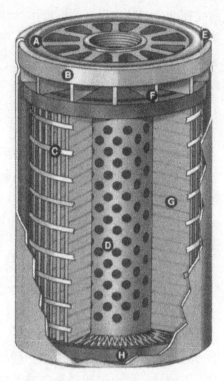

图5.4　旋装式介质过滤器
A—密封环；B—基板；C—增强纤维；D—非金属滤网；E—过滤罐；F—加强筋；G—过滤介质；H—端盖

5.2.2　深度型介质过滤

深度型过滤筒芯的材料是由一种厚且紧密的圆形超细纸、纤维或聚合物介质做成的（图5.5）。为了达到满意的过滤效果，滤芯在过滤器壳中的放置方式应使油液在过滤器内流过足够的长度。过滤介质有足够的紧密度和通径长度可滤除颗粒物和不溶污染物，包括磨损金属、纤维、积炭、氧化及腐蚀产物，并根据介质材料不同，还可滤除油液中的水。粒径1~2μm的颗粒都能被深度型过滤器俘获。

深度型过滤器的油液流速相对较慢，用于过滤器与油箱连接并采用肾形过滤回

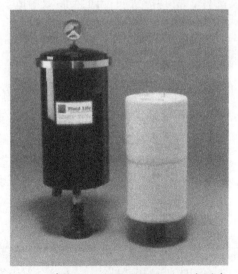

图5.5　清除细颗粒物和油泥的深度型介质过滤器

路的辅助过滤。使用高效深度型过滤器的润滑系统会滤除对油液分析有用的大部分颗粒物。对于承载零部件极少的液压系统，这不重要。但对使用轴承的旋转机械，高效深度型过滤器会使磨损分析失效。这时，可通过在承载原件下游安装在线监测传感器进行磨粒分析恢复作用。

5.2.3 金属滤网过滤

金属过滤网在大多数润滑油循环系统应用非常普遍。金属过滤网即金属孔网或编织金属丝筛网。过滤网上的孔能有效去除粒度大于其尺寸的颗粒。大多数滤网的网孔尺寸一般很大，常超过100μm。一些金属丝网过滤器清洁后可反复使用。

图5.6　Y形过滤器

滤网一般用于覆盖油泵的入口，以防止外部大的颗粒物进入后损伤泵的叶片。小的过滤网（孔径40~200μm）常用于"Y"形接头（图5.6）中或可打开清洁内部的篮形装置。图5.7所示过滤器为美国通用电气公司T-58燃气轮机中所用的盘形过滤器。盘形过滤器是由很多多孔金属盘叠装在一根管上组成的。油液从金属盘边缘进入，从中心金属管中流出。污染物被卡在相邻盘片之间。这种装置通常用于保护下游敏感零部件，使其免受可能进入油液中的大颗粒污染物的损坏。

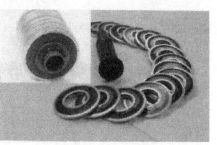

图5.7　盘形过滤器

5.2.4 涡旋式分离

涡旋式过滤器用离心力将颗粒污染物与液流分开。当润滑油从锥形容器顶部外侧边缘进入后，会向锥形容器下部涡旋运动，最后从上部离开（图5.8）。旋转运动会使较重的颗粒物在锥体内壁聚集，最后在重力作用下沉至底部出口。这些过滤器非常简单，没有运动零件。但是，硬质颗粒物会对容器入口内壁造成冲蚀磨损。

黏度和流速一定时，涡旋过滤器会持续地将大于给定粒度的颗粒除去。但溶解的介质和小于有效粒度以下的颗粒继续留在油液中，并可用油液分析进行有效监测。

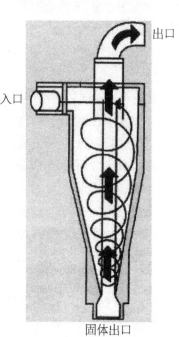

图5.8　涡旋式过滤器

5.2.5 静电过滤

静电过滤器利用高压直流电去除非导电液体中的颗粒物。典型的静电过滤系统由充电格栅和一系列收集板组成（图5.9）。当液流穿过带负电的格栅时，不溶性颗粒物会带上负电。当液流流经带正电的收集板时，带负电的颗粒物受到吸引并被俘获，使其脱离液流。收集足够的颗粒物后，可拆下收集板，对其清理。

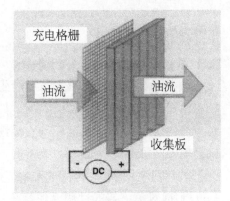

图5.9 静电分离原理

静电沉积过滤系统比表面型和深度型过滤器去除颗粒细粉的效率高得多。此外，静电过滤器的流速也比较高。静电过滤器与其他介质型过滤器配合使用可滤除大多数不溶性颗粒物，使油液保持很高的清洁度。因此，静电过滤器对油液分析产生很大影响。如果系统还使用介质型过滤器，这种影响会进一步增大。对于使用承载零部件的设备，应在其下游安装在线传感器，以在异常磨损金属被过滤器俘获之前对其测量。

5.2.6 磁过滤

磁过滤用于二级过滤，以防机器的灵敏部件被小于初级过滤器孔径的铁质颗粒损坏。磁过滤器可以是安装于油槽或油箱中的磁棒，或润滑系统的回油管的在线捕集器。也可以像图5.10所示的磁垫，安装于过滤器壳内，俘获其内壁的铁质颗粒。

5.2.7 静置和沉淀

最简单的过滤形式是"沉降"。顾名思义，沉降系统通常就是一离线的专用贮油器，使比重较大的不溶性污染物在重力作用下沉降于其底部，以达到分离的目的（图5.11）。经过足够的时间后，大多数油中的颗粒污染物和水都会沉淀到贮油器或沉淀箱的底部。安装于贮油器中的折流板会增加油液的滞留时间，显著加速沉降过程。为了进一步提高沉降效率，或去除可溶性污染物和废添加剂，也可以加入凝结剂。凝结剂通常会使润滑油恢复到基础油状态，所以再次使用前需加入相应的添加剂。

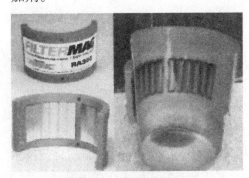

图5.10 磁垫过滤器

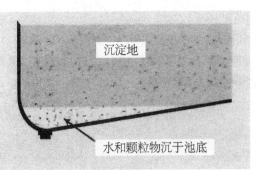

图5.11 沉淀法

5.3 纯化

润滑油和液压油携带大量可产生磨损、冲蚀和损坏系统零部件的污染物。如果能将所有的颗粒污染物都清除掉，油液的使用寿命会极大地延长。再循环不导电液体可产生静电荷。这些电荷一般极性相同。小的带电颗粒很容易分散在油液中，并向接地表面沉降，形成油泥和油漆。

虽然过滤和纯化的目的和核心就是除去颗粒污染物，但小的颗粒物（小于 $5\mu m$）很难被一般的过滤系统俘获。这些颗粒物会继续悬浮在油中，或形成油漆或油泥沉积物。此外，小颗粒物还会携带水分，为细菌的成长提供良好的生长环境。

去除微细颗粒和可溶性氧化物是为改善润滑、延长零件使用寿命应做的工作。传统的介质过滤器在去除 $10\mu m$ 以上的不溶性颗粒方面很有效。但为了使润滑油恢复其原本的技术指标，还必须去除不溶性微细颗粒污染物和油液氧化及受热产生的可溶性污染物。这些污染物一般靠各式电子或含化学作用的过滤器、机械或介质过滤器去除。用在线或频繁使用电子和化学纯化系统，会使润滑油变得非常洁净，以致机器内表面上沉积的油泥和油漆会再次进入油液并被纯化系统去除。

5.3.1 电子纯化原理

在用油中含各种由极性和非极性材料组成的可溶或不溶污染物。可以断言，使用一种过滤或纯化技术不能完全使润滑油系统的清洁程度达到完全令人满意的程度。但根据油液的类型和用途，综合几种方法通常可以使润滑油回归到类似于新油的状态。电子纯化法通常利用充电过程产生的电化学活性起作用。

平衡电荷凝聚（BCA）。平衡电荷凝聚技术不但对清除机械润滑油中的小颗粒和胶状颗粒以及大颗粒污染物很有效，还能从新油和在用油中大量去除粒度很小的不溶性细粉颗粒物。对于在用油，它也能清洁机械零件上沉积的油漆和油泥。平衡电荷凝聚的主要原理是先清除不溶性污染物上的静电荷，然后

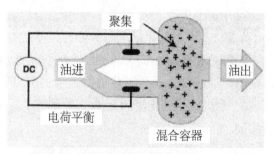

图5.12 静电凝聚清除固体颗粒的原理

使油液等分成两股液流，并使它们带相同电量异电荷，最后使两股带等量异电荷的油流在容器中混合。带异电荷的污染物在容器中互相凝聚，最后用过滤器将其滤除（图5.12）。

平衡电荷凝聚纯化器及类似系统对油液分析技术的影响极大，它们几乎去除了油液分析技术通常测量并用之确定油液和机器状态的所有材料。所以，用这些技术延长润滑油的使用寿命时，为了掌握油液状态，必须在系统中安装在线传感器。

5.3.2 化学介质纯化原理

化学纯化系统采用特殊过滤介质，或采用含特殊化学物质和/或能使润滑油恢复到近似新油状态的添加剂的深度型过滤介质。介质材料的化学性质会随油液的化学性质而变，所以安装或更换化学纯化筒时应小心。

（1）含特殊化学物质的深度型过滤介质。这种过滤系统经化学掺杂，在去除油中颗粒污染物并中和酸性氧化物的同时还能补充添加剂（图5.13）。这些系统通常使用深度型过滤介质，以去除颗粒物、水并补充相应的添加剂。当润滑油流过过滤介质时，添加剂就会释放出来并溶入润滑油。这些系统通常都含有除水装置，如加热元件或抽真空。化学过滤器所含添加剂为专用，选择过滤器筒时应多加小心。

（2）富氏土介质。富氏土是煅烧黏土组成的天然物质。使用富氏土的板、带、网或筒过滤器能去除油中的细小颗粒、水和极性化合物，如在用油中的有机酸。使富氏土过滤器在95℃干燥至少12h，在炉中冷却，之后立即装入过滤筒内，它的含水量将低于600×10^{-6}。富氏土对酸有很强的吸附性，280mm×480mm的筒可除去2.07g酸。虽然它的除酸能力没有其他介质高，但它容易获得，成本低。其弊端是，富氏土会引起油液和设备出现某些故障。

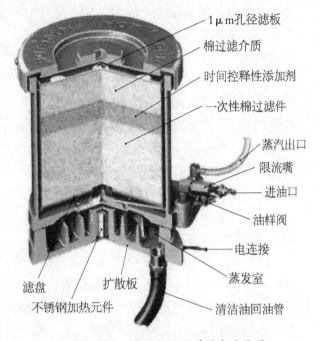

图5.13 卡车柴油发动机用化学掺杂过滤器

（图中标注）
- 1μm孔径滤板
- 棉过滤介质
- 时间控释性添加剂
- 一次性棉过滤件
- 蒸汽出口
- 限流嘴
- 进油口
- 油样阀
- 电连接
- 蒸发室
- 清洁油回油管
- 滤盘
- 扩散板
- 不锈钢加热元件

作为自然矿产物，富氏土成分不固定，质量是变化的。这些过滤器会使润滑油系统混入一些细小颗粒。这些颗粒会聚集在轴承的迷宫密封处和其他小的配合间隙处，导致零部件失效。富氏土还会形成硅胶，并沉入油中。鉴于此，富氏土过滤器一般需要有效的后过滤器，如β值不低于200、绝对过滤精度至少为3μm的过滤器。

更进一步的分析表明，富氏土含自由钙和镁。油中的酸会溶解油中自由态的钙和镁金属。这些金属离子会与降解的，含亚磷酸酯或磷酸盐基团的磷酸酯油反应，生成典型的金属皂，如亚磷酸镁和磷酸镁（图5.14）。这些磷酸金属盐会通过电解方式"涂敷"在热的机器表面，如压缩机高压密封处，而密封间隙的减小会导致巴氏合金熔化，最终使密封失效。

（3）活性氧化铝介质。活性氧化铝是铝冶炼工业的精炼废品，对去除磷酸酯润滑油中的酸很有用。活性氧化铝是通过加热其晶体去除其中的水而得到的，当它遇到磷酸酯中的酸性残留物时会与其反应，将其除去。注意，如果遇见水，活性氧化铝会变回其原先状态，失去清除酸的能力。这是一个问题，因为大多数工业EHC系统容易受到环境水的侵入。活性氧化铝还含有3%的钠（质

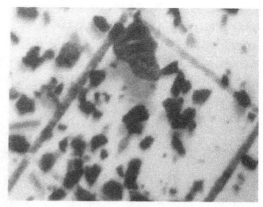

图5.14　金属皂颗粒

量分数）。工作过程中，钠会溶入EHC油液中，与其反应生成磷酸钠。当油中钠的含量超过（20~30）×10^{-6}时，会产生严重的起泡。

活性氧化铝介质在清除酸性污染物方面优于富氏土（每筒活性氧化铝能清除4.08克酸），而且不会产生硅胶。活性氧化铝的主要问题是会带入钠，显著引起成泡或在热的零件表面形成沉积物。注意，活性铝颗粒非常硬，必须将其从油液中滤除干净，以防损坏承载零件表面。

改性氧化铝是活性氧化铝的一种形式，它几乎不含钠，但却与活性铝有相同的吸附能力。然而，改性氧化铝还含有能与部分降解磷酸酯油液发生反应的特殊沸石化合物。改性氧化铝与旧的或降解的磷酸酯油相遇时会使沸石呈胶状，阻塞过滤器。不建议将改性氧化铝用于磷酸酯油。和活性氧化铝一样，改性氧化铝也含非常硬的颗粒，必须用精度很高的过滤器将其滤除。

（4）离子交换树脂介质。可用离子交换树脂介质过滤器对合成酯油进行纯化（图5.15）。该系统利用化学充电原理去除在用多元醇酯和磷酸酯油中的酸性污染物。系统的可更换筒内装有小珠状化学树脂，当油液流过这些树脂时酸性化合物就能被中和。此反应可去除溶解的金属和可溶性酸，一般可使酸值降至0.07mgKOH/g，总金属皂降到<35×10^{-6}。最后，使用β值为200，精度为0.5μm的过滤器除去不溶颗粒和酸性沉积物。

图5.15　离子交换树脂过滤介质

离子交换树脂过滤系统可使合成涡轮机油和液压油的清洁度维持在ISO12/10，大大高出新油的清洁度。该系统可消除燃气涡轮机轴承和EHC系统中由污物和酯油降解引起的故障。该离子交换系统能维持磷酸酯油液的碱值，但又不增加油液中的溶解金属。它的吸收能力也是所有产品中最高的（比富氏土高470%，比活性氧化铝

高230%）。离子交换的主要缺点是所用树脂是湿的，会向油液中释放水分。某些情况下，可能需要用装置去除这些过量水分。

注意，所有化学介质过滤器的寿命都是有限的，必须对其监测，以确定更换周期。这些系统寿命终结的标志取决于其具体功能。

5.3.3 除水原理

水是油中最具破坏性的污染物，必须将其降低到最低限度。除水最常用的方法为离心、气提、真空除水和凝聚过滤。

（1）离心纯化。离心过滤器不但用于除水，也用于清除油中其他比油重的污染物，它通过转盘或旋转的碗形容器使比重大于油的污染物有更大的离心力。旋转运动赋予的力能使比油重的污染物脱离油流轨迹。根据设计和转速，离心过滤器可以去除非常细小的颗粒，如未燃燃油中的炭粒。过滤的颗粒通常收集在一个可拆的零件里，周期性予以清理。

离心过滤法一般用于容易进水的发电机和舰船。图5.16为典型的舰船用离心系统。过滤单元与柴油和蒸汽涡轮机的润滑系统相连，用于去除润滑油中比油重的水和其他有害物。

离心过滤系统经特殊设计，只去除油中某一粒度以上颗粒和/或物质，而不会去除油液添加剂类的有益成分。最小可去除粒度一般大于光谱仪可测量的最大粒度，所以油液分析一般不受离心过滤的影响。但是，周期性的离心会增加颗粒计数器测量结果的解释难度，除非使离心与分析取样同步进行。取样一定要在离线过滤和补充过滤之前进行。离心系统需要周期性清理，而且清理完成前一定要保持系统处于断电和拆解状态。从润滑和液压系统清除的油泥和颗粒污染物很脏，需要有废液排放系统处理。

图5.16　舰船用离心系统

（2）气提。气提可以从润滑油中清除大量的自由水和溶解水。一些系统通过增加入口端的空气温度增加空气的饱和度，进而增加空气可吸收的水分。图5.17可使油中的含水量保持在100×10^{-6}以下。气提系统在油流

图5.17　干空气去除润滑剂和液压油中水的装置

经文丘里管时带入高速空气或惰性气体。带入的热气流对油中的水有较大的亲和性，从而将水和油分开，去除油中的水。气提法也增加了油与空气中的氧和氮接触的机会。长时间与空气接触，会增加油液氧化的可能性。

（3）凝聚分离。凝聚过滤器是另一个从工业油和燃油中除水的常用装置。凝聚过滤器利用容易使水成滴的特殊介质，使水脱离油液。如图5.18所示，当受水污染的油液通过该介质时，水会在其表面凝结成水滴。形成的水滴不断变大，最终从过滤器底部滴落。

凝聚过滤器为被动装置，在水污染速度相对较低的中小型系统里可使含水量相对较低的系统的含水量以很低的成本维持在小于100×10^{-6}的水平。也有使系统含水量低于10×10^{-6}的系统。注意，凝聚过滤器不适合油液黏度高于$30\text{mm}^2/\text{s}$的系统。凝聚过滤器对油液分析没什么影响，除非如图5.18所示，将它与其他深度型过滤器联合一起使用。将其当作离线补充系统使用时，应保证在开启凝聚过滤之前对油液取样分析。

（4）真空除水。欲进行更有效的除水，可使用真空除水。该系统利用真空高温可使油中的溶解气体或水达到很低的水平（图5.19）。真空除水对于修复：（a）涡轮机、压缩机和循环油；（b）齿轮油和变速箱油；（c）合成酯和二醇；（d）切削和机床用油；（e）传热油和淬火油；（f）变压器油，等等都是有效的。真空干燥系统对于油液分析影响很小，除非将它与其他过滤技术结合起来使用。

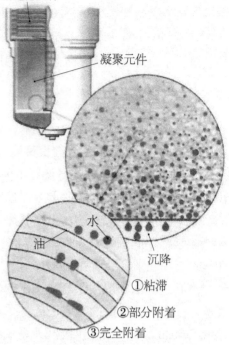

图5.18 在用油纯化用凝聚过滤系统

图5.19 燃油和润滑油真空过滤系统

离心分离、凝聚分离、真空除水和类似的分离器所得到的废水中可能会含少量的油。这些油可能是有害物，所以有必要使其量尽可能少。可以利用反向渗透或类似的废水处理工艺减少它们。

5.4　过滤器的选择

大多数机械设备中，设备原制造商选用的过滤器的替代范围很窄。一般地，对于特定系统，油流量、压差、使用寿命和安装尺寸及结构要求等条件都会限制过滤器的选择。例如，将过滤器的名义孔径尺寸从40μm降到3μm，而不限制流量和油液流过油滤的压差，并不会提高系统的清洁度。此外，对体积和横截面尺寸相同的过滤器，减少网孔尺寸将造成新过滤器填满速度加快并缩短过滤器的使用寿命，更换也会更频繁。这些因素还会提高过滤元件所受应力，降低其使用可靠性。压力、流量和填满时间等问题可以通过增加过滤器横截面尺寸解决，但这样会增加安装空间和安装成本。换句话说，给定过滤系统所要达到的清洁度应在润滑系统设计时就予以考虑。

设备使用者克服一般的油液过滤问题的一个途径就是在原设备过滤系统的基础上，增加在线或离线辅助过滤系统。辅助过滤系统可以是可移动式的，如图5.20所示的过滤小车，或是与油箱通过管路连接的"肾形"过滤系统。辅助过滤或纯化系统针对原设备中使用的介质型表面过滤器的不足，在其基础上增加二级循环或"旁路"循环系统。"旁路"过滤系统使主路中的部分液流流过一高效过滤系统，连续去除主路过滤器没有俘获的污染物。标准肾形过滤装置中，辅助过滤器可以自带油泵。注意，为了有明显的效果，辅助过滤系统的过滤效率应高于原设

图5.20　便携式过滤小车

备中已有过滤器的过滤效率。一般，辅助过滤可使用高效筒式过滤器、深度型过滤器或专用的纯化系统。

5.4.1　提高去除颗粒污染物的效率

各种过滤器的设计不尽完全相同，选用时必须考虑其对颗粒污染物的去除效率和所用介质对污染物的截留能力。选择过滤器时，可能会用到以下一般性原则：

（1）欲采用过滤器的流速和润滑系统的大小是应考虑的主要问题。选用最低流量下能使系统维持所要清洁度的过滤器（这样做成本最低）。对过滤系统升级之前，对原先旧的、脏的润滑系统进行冲洗/清洁。切记，新过滤系统的使用目的是维持系统的清洁度，但大型工业润滑系统中出现的大量颗粒污染物可能会超过新过滤系统的过滤能力。

（2）确定要过滤的最小颗粒或聚集体。选择过滤器网孔尺寸和β值，以达到所需的清洁度并具有合理的使用寿命。记住，精过滤器和离心式污染物去除系统长期以来被怀疑在除去有害颗粒的同时，还去除油液添加剂。例如，在去除积炭的同时，也去除洁净剂。但是，现在还没有分析方法证明添加剂被过滤器去除的证据，所以也有可能添加剂并没有被过滤器去除。油液添加剂，特别是清净剂和分散剂，会与悬浮在油液中的颗粒作用，减少设备损坏的可能性。然而，在使用精过滤器的最初几个月里，为了保证添加剂不被除去，最好还是增加油液分析的频度。

（3）选择有足够纳污能力（表面积）的过滤器，保证合理的更换周期。添加辅助过滤器意味着增加过滤表面积。过滤器效率增加时，其纳污容量也要增加，以容纳从油中多滤除的污染物。更换过滤器的成本、空间需求和操作便利性是做出决定时考虑的主要问题。

（4）假如在压力下降以前没有任何保护敏感元件的措施，就应选择具有足够内部强度的过滤器以承受很可能在设备运转期间，特别是在冷天启动时黏油向过滤介质施加高压或通过旁路流过滤时所遇到的各种压力突变。

（5）应考虑油液中流经过滤器的普通颗粒物和磨损金属的典型尺寸。如果选择的过滤器网孔尺寸粗略等于普通磨粒的尺度，过滤介质网孔会被冲蚀扩大——这会大大降低油滤的效率。

（6）理想的情况下，过滤器的设计位置能使所有的油液在流经润滑系统各部件前都经过过滤。在油泵之后安装过滤器较好，因为在其下游的任何敏感元件都会得到保护，免遭泵产生的磨粒危害。或者，安装旁路辅助过滤系统对油清洁。该辅助过滤系统可以是连续工作的永久性装置，或是能够从一台机器移到另一台机器上、周期性地对每台机器的润滑系统进行清洁的车载系统。为了保证被清洁的设备得到最清洁的润滑油，辅助过滤器的进油管应连接设备油箱的回油侧，使经过过滤的洁净油从靠近设备主油泵吸油口的附近返回油箱。

（7）对所有的进出口和盖子进行密封，减少外界污染物进入的可能。在油箱呼吸孔处安装过滤装置，以减少空气中颗粒物和潮气的入侵（图5.21）。添油和换油时使用液压快速接头，防止系统对外裸露。润滑油加入系统之前先进行过滤。

最后，请记住精过滤器会去除大部分磨损金属，削弱油液光谱分析的有效性。对那些磨粒分析很重要的场合，可以通过在回油管安装在线传感器，或做过滤器碎屑分析来增加油液分析的有效性。拆下来的过滤器，

图5.21　呼吸口过滤器增加油液清洁性

也可以成为周期性磨粒分析的样本。对过滤器做反向冲洗，并用传感器对金属屑做实时分析，或者将金属屑沉积在一块板上用X射线荧光光谱或显微镜分析。

在某些情况下，对较贵的过滤器反向冲洗后又反复使用多次，以降低运转费用。记住，如果对拆下的过滤器进行分析，过滤器的更换周期将受到过滤器碎屑分析所监测的失效模式的影响。如果过滤器采样分析周期短，采用较小和较便宜的过滤器可能就够了。

5.4.2　提高除水效率

水是有害污染物，会降低润滑油的承载能力，而且是腐蚀和氧化过程的催化剂。选择除水系统时可能会用到下列一般性原则：

（1）确定水污染的严重性。对于受入侵潮湿空气影响的系统，采用装有干燥器的呼吸器即可。对系统含水量监测，防止超限。通过离线离心脱水或安装在线凝聚过滤器应该足可以解决问题。

（2）如果润滑油系统使用强制空气通风系统，就需采用比较有力的措施。这时，对进入系统的空气进行干燥处理是最好的解决办法。如果不可能做到这样，可通过频繁离心净化解决问题。

（3）如果润滑油系统长期遭受水入侵，又不能从源头上解决，就要评估水的入侵速度。可向有关技术公司咨询哪种装置最合适。例如，如果侵入的速度较快，可以安装离心净化器，周期性地对系统除水；如果水侵入速度较慢，可安装凝聚过滤器或其他装置可能就可以了。

注意，在原有机器润滑系统上增加高性能或辅助过滤器会降低油液取样分析的可靠性。这些过滤器会除去油液分析时确定机器和油液状态要分析的磨粒和润滑油降解产物。对关键设备，可安装在线传感器或对过滤器过滤物分析，以抵消辅助过滤系统对油液分析的影响。

6

机器失效模式

6.1　引言

以往很多设备维修公司已在监测系统方面进行了大量投资。然而，并非所有投资都如愿以偿，很多投资回报并不理想。造成期望与现实利益之间差异的最关键和常常被人们忽略的原因有以下几个方面：

（a）未能理解设备的失效模式及其影响和成本；

（b）未能理解早期失效征兆和可见失效状态及其关系；

（c）未能利用可靠的试验方法建立目标状态指标；

（d）未能形成切实、可靠的方法解释现代监测技术不断产生且日益增多的大量数据。

状态试验和传感器很多，而且新兴技术的产生速度也在不断加快。这些技术大多是技术开发者提出的，而且得到了某些验证。然而，并非所有技术都适用于每种设备。针对具体感兴趣的失效模式，将多种状态监测技术正确组合是获取经济回报必不可少的做法。状态监测的经济效益来自早期发现问题和及时采取行动。大部分节约是通过减少油润零部件的次生损坏和增加零件的可用寿命实现的。理解失效模式及其征兆，瞄准测量这些征兆的具体试验或传感器是有效监测的关键。

6.2　油液常见问题

机器状态监测最主要的目标之一就是确定油液状态，用最小的花费，在机械零部件发生大的次生损坏之前实施维修。

例如，水、燃料和灰尘污染会使零部件表面油膜降解，导致磨损表面损坏和严重黏着磨损。对早期征兆（如水、燃油或灰尘）——初始油液状态指标监测，比监测可预示零件磨损失效的金属趋势要有效得多，费用也低得多。

润滑油失效通常会引发更多严重的摩擦学故障。油液和摩擦学问题都会表现出可测量的征兆，早期发现故障能将设备维护费降低10~1000倍，如表6.1所示。

表6.1　失效状态及其成本

成本趋势	与油有关		与机器有关	
	油液处理成本增加 →		机器维护成本增加 →	
成本递增倍数	1×	10×	100×	1000×
状态	污染或降解	润滑失效	磨损增加	机器失效
结果	可恢复	必须更换	可修理	必须大修

确定机器和润滑剂状态的第一步是观察油样的外观。外观常常能显示异常状态并/或提示可能需要什么试验。下面是一些可通过对油样快速观察，确定问题和征兆种类的例子。

6.2.1　颜色变化

油的颜色发生异常变化，通常说明油经历了化学变化、污染或被其他不同的润滑剂所替代。注意，将不同润滑油混合可能适合于某些用途。一般，油液的颜色都是随着时间的延长而逐渐变化的，颜色意外或突然变化就应究其原因。下面是一些能够发现的典型问题。

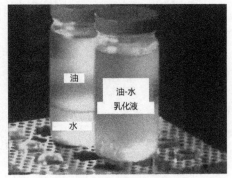

图6.1　油/水乳化

（a）发灰或呈牛奶状说明油液被乳化，示意有严重水污染。一些油液中含破乳化添加剂，能协助快速分相。工作状态严酷的润滑油可能不能分相，会保持如图6.1所示的乳化状态。有些润滑油则相反，它们含乳化剂，这些添加剂会促进水和油乳化，使水均匀分散在水中。

（b）过分黑的外观说明可能存在因换油期过长或燃烧问题而造成严重积炭（图6.2）。

（c）石油润滑油的棕色/黄色说明有对发动机零部件非常有害的氧化物出现。

（d）合成多元醇酯航空润滑剂有时含有1，2-二羟基蒽醌或醌茜，它能在有镁存在时将润滑剂的颜色变为品红色。这种颜色的变化说明油受到海水，或使用了镁基清洁添加剂的石油润滑油或镁磨损金属的污染。

以在用油的颜色作为判断降解或污染的征兆之前，必须先知道新油的颜色。当观察到

图6.2　油液焦化形成的硬质颗粒

在用油的颜色发生变化时，可使用AES和FT-IR试验验证氧化产物、积炭、水、化学和（或）非正常金属污染物是否出现。

例6-1　美国空军研制出一种新的合成燃气轮机润滑剂Mil-L-7808K（4mm^2/s），以改善新型飞机的性能。以前用的Mil-L-7808J（3mm^2/s）油为标准的淡黄色，而新油本身是黑色的。空军F-15和F-16飞机发动机的一种油液失效模式发生时，油液颜色会变黑（油液焦化）。如果将新油的黑颜色误认为是油液降解就会导致对油液状态做出错误的判断。

注意，可使用GB/T 6540颜色测试法确定新工业涡轮机油的颜色和使用后相对于标准色的偏差。应该用其他方法对由本方法得出的结论给予证实，因为单就颜色不能肯定地说明油液状态。

6.2.2 出现可见污染物

采样瓶中任何可见污染物都说明存在严重问题，或者在采样过程中无意将油样污染。典型例子如下：

（a）大的金属颗粒说明存在过度磨损或采样不合理。应立即进行采样检查以确定污染源。

（b）合成酯润滑油中的黑色或深色颗粒物质是高温下油发生焦化而产生碳粒的证据（图6.3）。

（c）存在彼此分开的油/水两相说明有水泄漏或不合理采样技术造成了油的污染。应立即对油样进行检查，以确定污染源。注意，含极压添加剂的油易于使油/水两相分离。从油箱或油槽中采得的油样可能看不到分离的水相，因为水停留在容器的底部。

图6.3　在用油中的可见固体颗粒

（d）有抗氧剂的涡轮机油的混浊外观说明油已被水污染，应立即进行采样检查以确定污染源。注意：混入空气也能使油液呈雾状。让油样静置1h有助于确定是水还是空气混入。

6.2.3 气味变化

任何气味变化同样说明油样受到污染或正在经受化学变化。很浓或烧焦味通常说明油液经受的温度高出正常值。酸味说明受到细菌/微生物污染。在用油气味相对于新油的任何变化都应究其原因。

6.2.4 稠度变化

在用油稠度的任何异常变化都可能说明机器中存在润滑问题或机器故障。例如：

（a）异常变稠常常说明有油泥聚积或用了不正确的油。油泥可起因于氧化或乙二醇的污染，应立即对每种情况做调查。

（b）异常无定形聚集物常常由油泥聚积引起，而且可能预示润滑剂接近其使用寿命的终点。

（c）稠度异常变小通常是由燃油、稀释剂或用油错误等引起的。所有这些都有可能引发磨损表面的严重损坏，因为黏度小的润滑剂能承担的载荷也小。

（d）空气进入和其他物理条件也会不断影响稠度。诸如过分起泡和搅动都会降低润滑和冷却效率，增加功率消耗和摩擦热。

例6-2 2002年，一台燃气轮机在24h可靠性试验中，经过23.5h工作后因齿轮箱轴承润滑油排泄问题，引发高温报警，在满载情况下失效（图6.4）。接近故障发生时，燃气压力和废气温度增高，发电机输出功率变得不稳定。对问题的调查最后追溯到了发电机的齿轮减速箱。一开始一直怀疑减速箱，起初怀疑可能是电阻温度检测传感器坏了，但最后发现是油液过分搅动并起泡直接导致的。这种情况又是由供油压力超过正常压力

图6.4　燃气轮发电机减速箱

和齿轮箱润滑油排油不畅造成的。减速箱里油液量增加使齿轮的搅拌作用增强，导致涡轮机的负载增加了约400kW。功率消耗增高使燃油消耗增加，废气温度上升。最后，通过将润滑油供油压力减到242kPa，齿轮箱多余润滑油导流回贮油箱解决了问题。自从2002年以来，该涡轮机一直运行正常，未发生过类似问题。

如果维护不当，含有用飞溅方式润滑轴承和齿轮的机器很容易发生油液起泡和过度搅动问题，特别是油量过多或与未合理维护的辅助油箱连接时。压缩空气通过迷宫密封喷入压缩机轴承的燃气涡轮机对润滑油中泡沫增加也十分敏感。API Ⅰ类R&O油在老的燃气涡轮发电机中一直工作得相当好，但成泡倾向依然值得关注。

润滑脂也会因为很多工况因素，如高温、机械剪切和挥发或渗油引起润滑油损

图6.5　渗油引起润滑脂密度变化

失，使润滑脂密度发生改变（图6.5）。这些变化会导致润滑不足，并引起零部件失效。稠度变化一般是可见的，其程度可通过流变学试验确定。

6.2.5　黏度变化

在用油黏度变化受多种因素影响。黏度增加常常说明油液发生降解，比较重的油泥材料使油变稠。受乙二醇或较重的油污染后，油的黏度也会增加。使用过程中，润滑油的黏度也会降低（图6.6）。如果没有稀释剂（例如燃油），暂时性的或永久性的黏度损失可能出于下列一种或多种原因：

（a）润滑油在配合间隙小的运动副间会受到很大的剪切作用，迫使其基础油或黏度指数改进剂的长链分子顺着油流动方向排列并通过间隙，这将导致油的黏度瞬

时降低，并使流体动力润滑特性变差。

（b）高的机械剪切应力能剪断润滑剂的长链分子，使其分子变小，导致黏度的永久性丧失。

（c）高的热应力也会使润滑剂的长链分子断裂成小分子，造成黏度的永久性丧失。

无论哪种情况，黏度的真实或暂时降低都会使流体动力膜厚度减小，引起零件黏着磨损损坏。机械剪切和热断裂能永久性地影

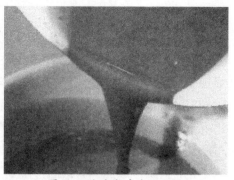

图6.6　油液黏度变化可见

响润滑油的分子结构，这可以通过测量运动黏度或黏度指数证实。零件出现黏着磨损是黏度异常变化的最早表现。保护零件免遭润滑油黏度瞬间损失的最好做法是选对润滑油。一般来说，使用过程中，润滑油黏度升高和降低值分别不应超过原黏度值的20%和10%。

6.2.6　加错油

将机器和润滑剂状态维持在合理水平，首先要保证维护行动本身不造成机器失效。机器使用中，最关键且常常被忽略的问题之一是对给定的机器错误地使用了类型和等级不正确的油（图6.7）。虽然不正确的油液本身不是设备或润滑剂失效模式，但它有时是润滑问题和机器故障的真正根源。很多设备维修单位一般都存贮和使用多种类型和等级的润滑剂。不能臆想某个存储容器里油的类

图6.7　油液问题可能是加油或换油引起的

型和级别对于既定用途一定正确，也不能认为因为常用，某种类型的油对于所有机器就一定都适用。

例如，Mil-L-2104是美国军用柴油发动机油的通用标识，其黏度从SAE10一直延伸到SAE90以上。此外，汽油机、柴油机或齿轮箱系统也可能有其各自的配套添加剂。所以，对特定的机器仅指定Mil-L-2104还不足以确定正确的润滑剂类型。

不单单军队系统存在润滑油的识别问题，识别大多数的商用润滑油时，人们通常都是看其黏度级别，而并不注意它们的添加剂或服务代码。即使是购买10W-40这样常用的汽车润滑油的消费者，也应知道发动机的类型（汽油的、柴油的、4缸的还是8缸的，等等），甚至发动机制造的年代，否则可导致严重损坏。例如在美国，1980年前生产的汽车就不能使用合成润滑油。不正确的油或不同油相混合不能提供必要的润滑性能或功能，因为：

（a）所使用的润滑油对于使用场合没有得到认可，因而不适用。不合适的油液

黏度和（或）添加剂可导致润滑失效、过分磨损、腐蚀或功能下降。注意：即使少量的石油润滑油也能降低脂润滑剂或液压液的阻燃性。

（b）虽然所用油都得到认可，但各自的化学组成可能不同。单独使用时，可能表现令人满意，但将不同牌号的油与在用油混在一起时，两种油的化学平衡可能被打破，造成特定添加剂消失或被中和。最坏的情况下，互相冲突的添加剂可能会起反应，并发生沉淀，导致润滑剂失效和过度磨损。

注意：给机器使用不正确的润滑油并错误地解释所出现的问题，会使设备使用者和维修者对油液分析工作失去信心。很多机械用油看似相似（如石油润滑油或合成油），但其基础油和配方却大不同。将不同油液分开存放于标志清楚的容器里非常重要。为了避免交叉污染，将不同类型的油液注入设备时一定要使用不同的工具/容器。

发现油液稠度或特性有任何异常时，都应进行分析试验以确定油液状态和其是否可继续使用。还应进行污染和磨损金属试验，以确定磨损金属和其他污染物的浓度。从这些数据可确定与油液相关的具体失效模式的出现及其发展程度。润滑剂失效一般发生在使用过程中。但是，润滑剂存储期间也会受到污染，并在使用前就已经失效。所以，对所有的机器用油，无论是在用的还是存储的，都应周期性地进行状态监测和失效分析。

6.3 与污染有关的失效模式

油液污染是与油有关的机械损坏最重要的单一原因。而且，由污染引起的次生磨损损坏比超速和过载引起的类似磨损损坏发展速度快。最为常见的油液污染可大体上分为颗粒污染和液体污染（图6.8），通常由环境或其他机器系统的介质入侵引起。这些污染物促进

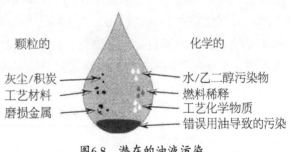

图6.8　潜在的油液污染

油液降解、消耗添加剂、损害油液性能并造成机器零件的摩擦学损坏。应使用油液分析或在线传感技术保证所有润滑油或液压油没有受到污染。下面总结一下在用油分析中可能遇到的主要污染物。

6.3.1　水污染

毫无疑问，水是机器润滑系统中所发现的最为常见的污染物。水进入润滑油系统通常是因为冷凝、冷却剂泄漏或在设备清洁或设备暴露于外部环境时自由水的侵入。入侵的水通常会降低润滑油的油性、增加零件磨损，并促进腐蚀。另外，水污染会增加润滑油的氧化或发生其他化学反应——增加油的酸值并触发其他失效模

式。为了使油液和零件的使用寿命最长，运行的机器应尽量避免水污染。机器用途和油液化学特性都会影响与水有关的失效模式诊断，下面讨论两者的差别。

（a）燃气轮机和内燃机。这些机器中，大多数自由水会蒸发。但是，油中的水常常将润滑油的承载能力降到正常运转瞬变期要求其支撑的载荷水平以下。此外，如果泄漏严重，一些自由水还会不可避免地进入热的摩擦表面，发生闪蒸并去除承载润滑油膜，最终引起大的局部磨损。极端情况下，磨损表面的切混层会崩溃，导致零部件发生灾难性失效，连杆轴承表面损坏，如图6.9

图6.9　水污染引起轴承表面擦伤

所示。尽管石油基内燃机油中的清洁剂和分散剂通常能防止低浓度水（<500×10⁻⁶）使润滑油的承载能力极大降低，以提供某种保护，但曲轴类机械中的高浓度水或乳化油会降低油的黏度，对零件具有破坏性。注意：内燃机中的水常是内部冷却剂泄漏引起的。

（b）工业涡轮机、轴承和齿轮系统。这些系统通常使用简单的防锈和抗氧化油，其承载能力取决于所用基础油。水污染会降低油的承载能力，导致工业涡轮机大范围的局部磨损。如表6.2所示，极少量的水污染也能造成轴承寿命的大量损失。向工业透平机油中加入乳化剂或破乳化剂，通常能防止少量水，使油的承载能力出现大幅下降，因而有一定的保护作用。但含水量较大时，润滑油的承载能力会严重下降，并促使腐蚀和油液氧化。当机器工作温度还没有高到足以使油中的自由水全部蒸发时，机器内部也会发生腐蚀。汽轮机和水轮机中的水通常是因为密封泄漏而进水的。工业燃气涡轮机中的水常常源于外部水的侵入。

表6.2　水污染对轴承寿命的影响*

水分的含量/（×10⁻⁶）	轴承寿命比
25	2.59
100	1.00
400	0.52

★润滑剂：SAE 20。

（c）飞机和航空燃气轮机。这些机器使用酸和醇类化合物合成的多元醇酯合成润滑油润滑。受到水污染时，这些油的基础油会分解成它们的初始反应物，性能上除承载能力下降外，酸值也会增加，并引起严重腐蚀。航空涡轮机的工作温度很高，水会很快蒸发。但当这些机器长期关机时，从泄漏的密封处或潮湿空气中冷凝的水会进入，污染润滑油系统。

（d）液压系统。液压油的种类很多，包括：简单的防锈抗磨油、油-水乳化液、磷酸酯和多元醇酯。液压油有时根据工作环境和工作温度可能引起的着火概率大小选用。除油-水乳化液外，其他液压油中的水污染物都会降低油的承载能力，并增加腐蚀的可能。使用酯液压液的系统，受到水污染时，还会受基础油分解和高酸性的影响。油-水乳化液的问题主要是保证水和油的比例正确。液压系统水侵入通常是潮气冷凝引起的。

6.3.2　乙二醇污染

为防止低温冻结而使用乙二醇及其水溶液（抗冻剂）的机械，受液体污染的可能性要大一些。抗冻剂进入发动机油一般是由下列一种或多种零件失效模式引起的：

（a）油冷却器芯损坏或已腐蚀；

（b）缸体头部安装不合理或有裂纹；

（c）密封件有缺陷或安装质量不合格；

（d）管接头故障；

（e）缸套有气孔。

乙二醇为化学溶剂，可与基础油和添加剂反应，使油变稠并加速其氧化降解，增加油漆或油泥沉积的可能性。长期受到乙二醇，哪怕是少量乙二醇的污染都会降低润滑效率，减少零件和润滑油的使用寿命。

6.3.3　燃油稀释

燃料污染是内燃发动机的第二个最为重要的润滑剂失效原因，而且通常由于燃料加入过量、喷油器损坏或出现故障、燃料/润滑油热交换器泄漏等引起。燃料稀释降低润滑油的黏度和闪点并削弱其承载能力。短期内大量燃料稀释或长时间中等燃料稀释能严重损坏油润滑零件（轴承、齿轮、活塞等）（图6.10）。此外，燃油稀释可促进其他失效机理，包括：

图6.10　燃油侵入使黏度和承载能力下降并引起轴承损坏

（a）润滑剂氧化和分解；

（b）油漆和油泥聚集；

（c）增加起火或爆炸可能。

发动机和涡轮机润滑系统应尽量避免燃油污染。为防止燃油引发损坏，应根据情况开展燃油稀释试验。例如，对于中小型柴油和汽油涡轮机，3%的燃油稀释（约10%的黏度下降）通常认为足以造成严重的发动机损坏。5%的燃油稀释（约20%的黏度下降）会严重损坏发动机零部件，通常作为报废界限。10%的燃油泄漏（约35%的黏度下降）足以在极短的时间内，对大功率中速柴油机来说不到100小时工作时间，造成灾难性损坏。

例6-3 美国ESSO 公司对机车用中速柴油机的试验表明，10%的燃油稀释会在100小时工作时间里使27%的活塞环损坏。

6.3.4 固体颗粒物和尘土污染

控制油液清洁度对于保持设备高可靠度运行非常重要。使油液清洁的第一步是保证所加入的新油应该是清洁的。新油很少有干净到不需要预过滤，可直接加入机器的。主动油液维护要求润滑油供应商必须按合同要求提供满足设备清洁度要求的新油。或者，在加入机器之前，用3~5μm、β值大于等于200的过滤器对新油过滤。

（1）内燃机。内燃机中，固体颗粒污染的来源一般为：

（a）道路灰尘，因为空气吸入元件失效、空气过滤器失效或有缺陷、密封有缺陷或箱盖打开等。

（b）燃油燃烧和部分燃烧产生的不溶性产物，通常从故障密封处或经活塞环周围的窜漏进入油液。

常见灰尘中一般含硬的二氧化硅颗粒（图6.11）。某些地方的灰尘中也含氧化铝。一般用原子发射光谱测量曲轴箱油中硅和铝的含量。但是，硅和铝常常还有其他来源，包括机械零件、密封、油液添加剂和污染物等。如果能将这些来源都排除掉，就可用对硅和铝的监测结果说明灰尘污染的严重性。

燃烧产物中含有积炭和酸性化合物，它们会耗尽抗氧化剂和其他添加剂，并促进氧化物、氮化物以及弱酸和其他化合物的形成。不溶性燃烧串漏和油液降解产物会对运动部件产生磨粒磨损损坏，加

图6.11 硬质磨粒

快（热）缸体上油漆的沉积和发动机里温度较低处油泥的形成速度，阻塞过滤器和小的润滑油通路。辅助过滤和纯化能最大限度地保护发动机油的性能，延长其使用寿命。

（2）液压系统

在液压系统里，控制油液的清洁度可能是维持设备高可靠性的最重要措施。精密液压零部件的运动间隙一般都很小（为3~5μm），5μm小的硬质颗粒很容易对其造成损坏。大小与零部件运动间隙相当的颗粒是最危险的，它们很容易进入系统，阻塞或划伤零件表面。甚至更小的颗粒（约2μm）能淤塞和卡住伺服阀和比例阀。较大一些的颗粒（为5~25μm）则容易对零件表面造成磨粒或冲蚀磨损，或聚集并阻

碍油液流动。图6.12为颗粒粒度和浓度对液压件的平均故障间隔时间的影响。

有缺陷的空气呼吸器或密封件常造成液压系统污染。为去除灰尘和其他硬质颗粒物，液压系统通常使用3~10μm的精过滤器。然而，添加新油时会不经意间将颗粒物带入液压系统。通常，在用液压油的颗粒含量水平用颗粒计数试验进行周期性监测。所有的新油在加入液压系统之前都应过滤。

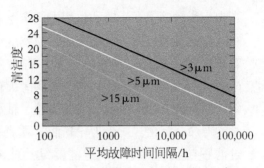

图6.12　平均故障时间间隔与颗粒粒度和浓度间关系

（3）涡轮机/滑动轴承

工业涡轮发动机中，硬质颗粒污染物一般是从缺陷密封件周围进入系统，或在维修期间，特别是添油和换油期间，润滑系统对外裸露时进入系统。电子颗粒计数器是确定工业透平机油清洁度的优选方法。大的工业滑动轴承和直齿齿轮的配合间隙较大，容许油中悬浮的颗粒污染物较多。但含螺旋齿轮和锥齿轮的辅助齿轮箱中零件的配合间隙相对较小，硬质颗粒物容易造成划伤和磨粒磨损（图6.13）。此外，

图6.13　轴承擦伤

油氧化后形成的不溶性产物含有能损坏金属零件的硬质颗粒和酸性化合物。对于没有设置过滤环节的油液系统（如飞溅润滑），或只有精度大于10μm的初级过滤的油液系统，油中的颗粒计数值常常很高。对这些系统应周期性地用离线过滤小车过滤，以尽量保持油液的清洁。

（4）滚动轴承。高速、高性能滚动轴承的滚子和滚圈之间配合间隙非常小，如飞机和航空发动机所用轴承。这些轴承的润滑油间隙一般小于5μm，常接近2μm。因此，它们很容易因滚压2~5μm的硬质颗粒污染物而损坏。图6.14为碾压硬质颗粒时受损伤的滚球表面剥落坑。使用这些轴承的机器常安装有3~10μm的精过滤器。油液清洁度监测对于这些零件依然重要，特别对新油。

图6.14　轴承滚球表面大的剥落坑

（5）齿轮箱。齿轮箱零部件一般比较坚固耐用，其油液清洁度不是大问题。很多时候，这些系统都是靠飞溅润滑，也不设置过滤器。而且，也没有采取什么特别措施将润滑油与大气隔开。因此，齿轮箱油中有大量的磨粒、灰尘和空气冷凝水。

在中小齿轮箱里，齿轮油也用于润滑系统轴承。在这些系统中，大的硬质颗粒物能通过轴承间隙，引起磨损并缩短轴承寿命（图6.15）。谨慎的做法是，对飞溅润滑齿轮系统用润滑油周期性清洁，以使齿轮、轴承和油的寿命最大化。对于齿轮箱油，可使用能过滤颗粒物和清除水的过滤器维持油液清洁。过滤小车可移动，能用于对使用同类油的所有齿轮箱进行油液维护。应保证不同类型油液不在同一过滤小车里混合。

图6.15　齿轮箱中的滚动和滑动轴承

6.4　与油液失效模式有关的降解

所有润滑剂，从它们被加到运转的机器中那一刻起就慢慢开始降解。润滑剂受机械应力作用期间，在高温下与大气接触就会发生降解。污染物，如水、燃油或化学物质的出现会加速油的降解。降解产物在促进氧化和氮化产物以及弱硫酸形成的同时，会耗尽抗氧化剂和其他添加剂。不同类型的润滑油倾向于以不同的方式降解。例如，多元醇酯发动机油遇水或高于正常工作温度后会分解。石油润滑油受高温或机械应力作用会发生热降解，或分裂成黏度级别较低的油。为满足用途和性能的需要，各种润滑剂或液压液的化学组成不同，讨论具体的油液降解失效模式时不能忽视这一点。

6.4.1　石油基润滑油的氧化降解

润滑剂基础油和添加剂容易发生如图6.16所示的热分解。热、空气和其他污染物会促使油与氧、氮和硫发生化学反应，形成弱酸。图6.17为润滑脂热降解后对轴承表面的严重影响。图中轴承工作温度过高，在计划维修时间之前发生失效。

如果不对之中和或去除，这些氧化物将会在系统中聚积，进一步降低润滑剂的性能。氧化速度取决于所

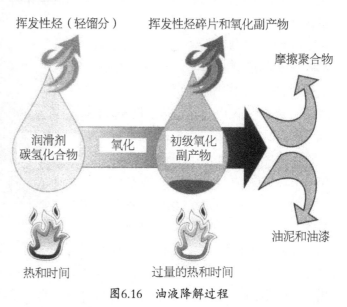

图6.16　油液降解过程

用基础油和添加剂的类型。润滑油中使用的两种主要抗氧添加剂的降解方式不同。苯酚类在130℃以下起作用，胺类在130℃以上起作用。图6.18比较了3类润滑油的降解速度。Ⅰ类油的氧化随时间基本呈线性增加，其状态和剩余寿命可以预见。Ⅱ和Ⅲ类油的氧化速度在苯酚类抗氧剂下降到30%以前基本恒定，该点以后胺类添加剂含量水平呈指数衰减并伴有软污染物（油泥和油漆）形成。

图6.17　润滑脂降解使轴承损坏

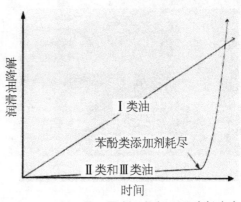

图6.18　Ⅰ、Ⅱ、Ⅲ类涡轮机油的降解速度

油泥是氧-碳副产物的胶状聚集物，一般聚集在机器润滑系统中温度较低的地方。极端情况下，油泥进入油路，阻断油流，引起灾难性失效。油漆为在高温处形成的硬化炭沉积物，如在轴承的承载处或活塞环槽里。油漆会挤占和减少油液间隙，损害流体动力润滑性能，并增加零件的磨损。此外，油漆还能降低油的冷却效率，提高油液的工作温度。这些软污染物也会降低油的水分离性，阻碍空气释放而引起泡沫增加。

总的来说，基础油和添加剂的降解速度取决于温度、时间和基础油的化学特性。工作温度增加时，降解速度也跟着增加。工作时间越长，降解产物的浓度越高。中等温度下较长时间产生的降解与高温情况下较短时间产生的降解一样。从温度和时间的关系上也可看出油液的使用寿命是有限的。水和其他污染物能加快油的降解速度。水是形成酸性化合物的有效介质，水出现使这些产物的形成速度显著增加。使用含硫润滑油或燃油时，油液的降解速度较高，还会形成酸性硫酸盐。

为了使系统的润滑和冷却效果最好，必须有效控制油液氧化、油泥和油漆沉积。类型和用途不同的机器所使用的油液类型不同，碰到的污染物沉积问题也不同，需要根据具体情况采用对应的控制方法。

（1）工业涡轮机和液压设备。工业涡轮机和液压设备可在很高温度下工作，但这些系统一般都有很大的油箱和高效的冷却系统。除非高温运行，一般要花几个月时间才能形成对主要零部件有严重危害作用的油泥和油漆。机器维修人员面对的主要问题是液压控制阀芯和其他敏感元件上聚集的油漆。为了最大限度地延长油液的使用寿命，防止敏感零部件因油泥和油漆而过早损坏，应用油液净化设备周期性地滤除降解的前期生成物。零件和油液的最大潜在使用寿命有多少，很大程度上取决于对机器和油液维护的有效性。图6.19为油漆在压缩机驱动装置的滑动轴承上的沉积情况。油漆沉积减少了运动间隙，降低了轴承的润滑效率（图6.20）。

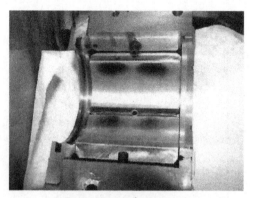

图6.19　轴瓦表面的油漆

图6.20　轴颈表面的油漆

　　例6-4　某大型制药企业用几台中型蒸汽轮机为制造过程提供动力。这些涡轮机每5年大修一次，以检查并更换有问题的零部件。20世纪90年代中期，大约正好在大修间隔的中间时间，该企业在一台涡轮机上安装了一套油液纯化系统作为试验。试验的主要目的是确定油液纯化对减少伺服阀失效的有效性。伺服阀的失效周期当时约为18个月。试验结果表明，纯化系统解决了伺服阀的过早失效问题。在下一个维修周期到来时，对涡轮机进行了拆卸检查和维修。图6.21说明纯化系统对清除油漆和油泥非常有效。排干油箱中油液后发现油箱中没有油泥沉积的迹象，对涡轮机和油管的检查结果也相同。最后，使用原零部件和油液，对涡轮机进行重新组装并投入了再运行。此外，通过运营维护承包和保险服务，使涡轮机的大修周期从5年延长到了7.5年，节约了大量费用。

图6.21　油箱中出现的油泥/油漆

　　核电设备用油液更容易发生氧化降解。粒子辐射作用能加速氧化，进一步减少油液使用寿命。润滑剂降解的程度和速度正比于辐射的密度。辐射累积会改变润滑剂的颜色，并引起化学变化。辐射剂量在1Mrad以下时，润滑剂还是可用的。超过1Mrad时，润滑剂会发生化学变化和气化。这些变化会缩短某些润滑剂的使用寿命。100Mrad以上时，只有高级润滑剂可用；1000Mrad时只有专用润滑剂能用；10000Mrad以上时，所有润滑剂都会变固体并失效。

（2）往复式内燃机和压缩机。曲轴发动机和压缩机的润滑油工作条件最为严酷。曲轴箱油直接与燃烧或压缩产物和其他污染物接触。这些油中的碱会中和氧化物，降低其危害。然而，一旦油的碱储量消耗殆尽时，酸性产物就会自由增长。曲柄油含各种控制油液氧化和分散细小碳质颗粒的添加剂。即使有这些添加剂存在，内燃机油的换油周期通常也比其他工业机械的换油周期短得多。

内燃机和压缩机中最为棘手的油液降解问题是高温区油漆沉积。活塞顶部和活塞环槽处的油泥聚集会导致卡环和活塞环密封效果变差（图6.22）。最后，缸壁网纹磨光，导致润滑状况变差和卡环。发动机顶部油漆沉积会降低其冷却效率，增加工作温度，最终加快油液的降解速度。最终结果是润滑失效和零部件损坏。

在温度较低的部位，油泥聚集在油道，阻碍或阻止油液流动，导致被润滑零件乏油而失效。要解决油液降解、油泥和油漆问题，可以采取以下措施：

图6.22　活塞环槽中出现的大量沉积物

（a）使发动机油含洁净剂和分散剂，通过使碳质颗粒分散在油液中起保护作用。悬浮在油中的颗粒物会在换油和更换过滤器时被清除出系统。

（b）润滑剂消耗量增加有一定的好处，添加新油会补充添加剂的消耗。但是，润滑油消耗增加也可能会增加燃烧室沉积物，从而使火花塞和排气阀变脏，增加压缩比、产生热腐蚀点和增加废气排放。

（c）使用为减少油泥和油漆而专门调制的高级润滑油通常比较划算。同样，应保证添加的任何新油要与发动机的密封、使用要求和废气排放系统相匹配。

对石油基曲轴箱油应周期性进行氧化物水平监测，保证机器和油液的性能最好，使用寿命最长。这些油液降解产物的成分和分布十分复杂。FT-IR能直接确定和量化产生的氧化、氮化和硫化官能团，从而准确指出问题所在。FT-IR还能说明基础油分解和添加剂含量水平的变化。

6.4.2　合成酯的降解

燃气轮机和工业电液控制系统等工业机械通常使用多元醇酯或磷酸酯润滑油。这些油比石油润滑油的工作温度高得多。制冷压缩机一般也使用多元醇酯润滑油提高润滑剂与现代制冷剂的溶混性。与石油和合成烃润滑油一样，随着使用时间的延长，酯油也会分解和发生热降解。

高性能飞机和航空燃气轮机工作温度很高，需要用多元醇酯润滑。酯基础油在高温或有水污染时会分解，并释放酸性副产物，最终导致油漆和积炭，在高温处会发生严重积炭。积炭能产生非常硬的固体颗粒物，使液压阀失效，阻塞油路，造成被润滑零部件乏油。除了生成固体颗粒物外，积炭还会以油漆的形式覆盖机内零件。

例6-5 图6.23所示GE LM-1600燃气涡轮机轴因碳质油漆严重聚集，使润滑油间隙缩小，润滑效率下降而失效。

值得注意的是酯基合成润滑剂的保存寿命是有限的（一般为三年），而且超过保存寿命时会自行分解。当使用此种油或油桶上的信息可能丢失时，必须记录下油液的寿命终止日期。美国军方的经验表明，将多元

图6.23 某型燃气轮机轴表面的油漆

醇酯飞机润滑油装在塑料容器中或暴露于空气中时，其实际保存寿命达不到这个预期。控制合成酯润滑系统中积炭和油漆沉积物聚集最好的办法是用化学过滤器对润滑油进行纯化。这些过滤器一般含有能中和油中酸性产物，并使酸性产物成为不溶物的化学树脂。纯化时，可用标准介质型过滤器去除不溶性固体颗粒物。

6.4.3 添加剂耗尽

几乎所有的润滑剂和液压油都含有多种添加剂以增强其功能。添加剂化合物的种类和量随基础油的类型和对油液的性能要求而变。这些添加剂一起作用，保护机器并使油液使用寿命最大化。设备运转时，添加剂一般会消耗。当关键添加剂减少到可接受的界限以下时就要换油。对于大多数机器，OEM通常会指定换油周期，而且这个周期考虑了油中添加剂的储备。

实际中，很少有使用者针对给定的机器应用场合，对油液的调和和添加剂构成提出确切详细的要求，而油液供应商也不会就化学组成给出具体建议。因此，大多数润滑剂的调和通常只是满足机器润滑性能方面的标准。油液供应商为满足特定的性能指标在选择调和基础油和添加剂时通常相当自由。缺乏对添加剂组成的详细了解，将大大降低常用监测项目发现添加剂耗尽的作用。解决的办法是针对每种机器用途，详细指定所用的添加剂。指定添加剂将限制可用基础油的种类，增加润滑和油液分析的可靠性。而且，可对交付的油液按程序抽样试验，如果化学组成不符合要求可拒绝接受。这样可使润滑油供应商逐渐遵守承诺，用户也可得到质量更好的油品。

6.5 过滤器失效模式

实际中，过滤介质会经受压力瞬变，流量变化和泄压冲击波及其他应力，它们共同作用会降低过滤器的弹力。ISO3724流动疲劳试验标准可协助设备工程师为给定应用场合选择合适的过滤器；但是，ISO3724建立在未能充分模拟现实应用环境的实

验室试验基础上。因此，通过对具体机械常见失效模式进行分析，能获得有关过滤器性能的更可靠信息。最常见的过滤器失效模式见图6.24，现对过滤器最常见的几种失效模式讨论如下：

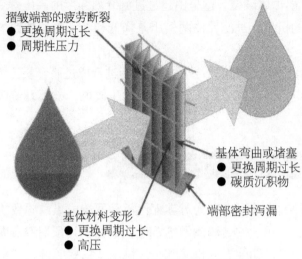

摺皱端部的疲劳断裂
● 更换周期过长
● 周期性压力

基体弯曲或堵塞
● 更换周期过长
● 碳质沉积物

端部密封泻漏

基体材料变形
● 更换周期过长
● 高压

图6.24 常见过滤器失效模式及其原因

（1）过滤介质孔冲蚀。过滤介质织物和筛网对诸如砂粒和磨损金属类的高速磨粒很敏感。对油液夹带的磨粒的最好防范就是合理的维修——合理的衬圈和密封件、正确的元件对中与平衡、有效的空气过滤和正确的润滑剂。过滤元件两侧压差减少说明过滤器网孔尺寸在增大。

（2）过滤介质基体变形。工作压力下过滤介质的变形可导致许多问题：

（a）周期性的变形会导致过滤介质疲劳失效，特别在折缝处。疲劳损坏可迅速地在滤芯上形成大的开口，使其失去作用。

（b）某些形式的过滤介质编织物没有足够强度承受高压，除非用诸如金属网一类的刚性母体材料支承。没有支承的编织介质在高压下会变形，污染物很容易通过。

（a）正常工作过滤器

（c）极端情况下，过滤介质的变形会限制油流而迫使其由旁路通过，结果是油液没有经过油滤而直接进入系统。介质变形问题比较难探测，而且常常在破裂发生时才有征兆。压差低表示介质发生破裂。

（3）过滤器堵塞。过滤器堵塞通常是因为更换周期过长。但是，设备运行方面的变化同样也会导致提前堵塞。在肮脏的环境下工作会导致吸入过多的污染物。应确保所有设备的吸气口都安装合适的空气过滤器。高温下工作会导致氧化加快、油泥

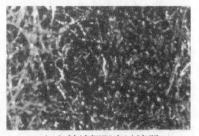

（b）被油泥阻塞过滤器

图6.25 过滤介质失效前后对比

聚集和过滤器预期寿命缩短。图6.25为正常条件下使用过的过滤器和被积炭油泥堵塞的过滤器的对比。当过滤器过早堵塞时，应分析其内容物并确定原因。过滤元件两侧的压差增高或旁路阀指示器打开表明过滤器出现堵塞。

（4）过滤介质母体破裂。这是由超过过滤介质强度的高压瞬变造成的。磨粒的出现会增加破裂的机会。过滤元件两侧压差降低和油液中颗粒数增加说明出现了破裂问题。

（5）过滤介质产生静电。不导电的油液通过合成过滤介质（不导电）如玻璃纤维时，会产生静电。静电聚集到一定量时会发生放电，破坏系统零部件、使油液降解并损坏过滤介质。

6.6 设备的磨损阶段和失效模式

油润滑零部件的失效可定义为对零部件承载面造成足以导致机器停止的损坏。如果零部件制造、使用、安装和润滑剂合理，那么在其预期寿命内就几乎不会发生与油相关的失效模式。即使有，也非常少。排除了这些问题，零部件在老化和失效之前将经过两个明显不同的磨损阶段（磨合和正常磨损）。通常，承载零部件失效由润滑剂失效或应力过高造成。因此，要了解机械失效模式就得先简单讨论一下零件的磨损阶段或机理，或失效零件产生磨粒的过程以及磨粒如何作为状态指标使用。这里所讲的主要磨损阶段指磨合磨损、正常磨损和异常磨损。在经历这些磨损阶段的过程中，零件会以不同的速度产生数量和大小不同的磨粒。

除非出现异常，油润零部件一般会经过两个明显不同的磨损阶段：磨合和正常磨损。如果零件制造不合理（材料或工艺低劣）、误操作（摔落）、安装不当（不同轴或不平衡）或润滑不合理（用错油、受污染的油或降解的油），将导致第三磨损阶段——异常磨损/失效的发生。

图6.26为一个理想化的、含机器三个不同磨损阶段的金属磨损试验曲线：

（a）磨合磨损阶段；

（b）正常磨损阶段；

（c）由某个失效模式引起的异常磨损阶段或达到磨损寿命终点。

零件的润滑并非对于机器的所有工况都处于理想状态。所以，磨损表面会偶然相互接触而产生金属磨粒并被润滑油带走。图6.26曲线中的正常磨损部分

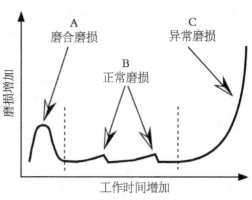

图6.26 机械磨损曲线

（B部分）本质上不会是平的，而一般要经历若干个循环的上升（由于机器工作）和下降（补充润滑剂后）。金属磨损的这种升-降将持续到下列情况发生：

（a）换油——换油后又开始新一轮正常磨损循环；

（b）零件达到磨损寿命终点——更换零件；

（c）发生异常磨损——这时，磨损金属的浓度迅速增加。

这些磨损阶段的意义在于，用它可以分析金属磨损的趋势，以确定油润零件承载面的开始、正常和异常状态。这是在用油分析的一项重要功能。了解磨损阶段的差别对于合理解释监测数据至关重要。

6.6.1　磨合磨损

通过流体动力方式润滑的零件表面都是被"精加工"得相当光滑的表面。当被安装到机器中时，零件的磨损面经受了一个短期而正常的磨损增加过程。在这个过程中，零件的精加工面得以适应，并被抛光成一光滑、富有延展性的低磨损率表面，即常说的"切混层"。新零件在机器中适应和抛光而形成切混层的这段时期称作"磨合期"。磨合期会产生较多金属磨粒。这些磨粒会在第一次或第二次换油和更换过滤器时被清除掉。磨合期磨损很容易通过油液分析观察到，如图6.26所示，磨合期的金属浓度和趋势类似于异常磨损的早期表现。图6.27为磨合磨损磨粒的表面形貌和切屑状外观。为了清楚说明磨损趋势，防止对监测结果错误解读并产生不合理维修请求，取样周期必须足够短。机器构造和维修方面的知识对于合理解释磨损金属数据很重要。

图6.27　磨合磨损磨粒的表面形貌和切屑状外观

滚动接触零部件，即那些用弹性流体方式润滑的零部件，通常需在小承载面上承受反复作用的大载荷。因而必须用高硬度材料制造，以抵抗疲劳磨损。这些零件没有传统意义上的磨合，也可能不产生能测量到的磨合磨损磨粒。

6.6.2　正常磨损

在跑合过程结束后，只要切混层稳定，油润滑零部件会"正常"磨损，直到磨损寿命结束或异常情况发生。正常磨损的速度主要取决于工作应力和启-停循环次数。机械应力可在瞬间撕破油膜，很短时间产生大量磨粒。高温能使油膜变薄，增加碰撞，从而产生磨粒。如果润滑不够，启动时会产生明显磨损。此外，微量的水和其他污染物也会减少油膜，增加油中磨粒浓度。

正常磨损产生的颗粒在1~15μm范围（图6.28）。

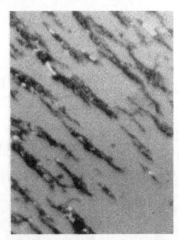

图6.28　齿轮系统正常磨损磨粒

一般情况下，这些金属的浓度仅受到机器的使用和补加油影响。除非发生问题，磨损金属的量级将稳定在某个点，即处于"**动态平衡**"状态。某台机器的动态平衡点与机器的大小、润滑油的量和工况的严酷程度有关。因此，同一台机器在不同工况下产生的磨粒多少是不同的。这是油液分析的关键，因为报警界限应与产生的磨粒量成正比，并且能说明什么时候磨粒异常增多，需要请求维修。

例6-6 2002年，在对某矿山车队煤矿和铁矿采掘用的液压挖掘机和拖车进行油液监测时发现，铁矿设备润滑油中的磨损金属平均含量比煤矿设备高得多。两种矿山用设备当时采用的磨损金属报警界限相同。矿山管理人员反映，铁矿用设备很容易发生过载，而煤矿用设备很少达到最大载荷。铁矿设备在较高应力下工作，磨损速度监测结果也反映了这一事实。另外，通过比较两个矿的燃油消耗也证实了铁矿设备的工作应力较大。铁矿设备每天的燃油消耗一般比煤矿中同一类型设备多出190L。对工作在两种不同类型矿山的同种设备采用同一磨损报警线就可能造成对铁矿设备过早报警，而对煤矿设备过迟报警。

动态平衡在流体动力润滑设备中表现最为明显。其中，金属的量级会经历轻微上升和下降，反映了设备的使用（金属浓度上升）和油液的补充（金属浓度下降），偶尔也会因为更换过滤器和润滑油，金属浓度出现戏剧性下降。对于耗油量大的设备，磨损动态平衡较为明显，如像柴油机那样的大型往复机械，而对于耗油量少的设备，它不太明显，如泵、压缩机和齿轮箱。在采用油浴和飞溅润滑的机器中，动态平衡也不太明显。这些机器的磨损金属浓度会持续而缓慢上升，直到换油为止。油样中金属值的下降通常是由泄漏后添加新油和（或）磨屑在油箱中沉淀所致。动态平衡在弹性流体动力润滑中也不易观察到。使用滚动轴承的机器在到达轴承使用寿命以前或疲劳磨损开始以前都不会产生显著磨损。航空燃气轮机一类的设备的正常磨粒浓度常常接近或低于原子发射光谱仪的监测界线。用分析式铁谱时，铁谱片常常也是空白的。

油液过滤也会严重影响磨损金属的测量。对液压系统和其他安装精过滤器（$<3\mu m$）的涡轮机械及大型中央循环润滑系统，油液中的磨损金属浓度比油液分析仪器本身的测量门限值低的情况也很常见。在这些系统中，最好是用在线传感器，从零件的回油管监测磨损金属颗粒。载油量很大的系统会将磨粒浓度稀释到很低的水平，而且常常低到仪器的可测量界线以下。对这种情况，可以将过滤器拆下，对其反冲，分析过滤器碎屑。

6.6.3 异常磨损机理和征兆

零件异常磨损的原因很多，常见的包括如下：

（a）乏油；

（b）润滑剂降解；

（c）润滑剂受污染；

（d）零件不同轴；

（e）不合理的轨道和平衡；

（f）温度过高；

（g）速度过快；

（h）载荷过大。

这些失效模式中的一些与油有关，一些与机器有关而另一些则与安装或维修有关。这些失效模式既可单独发生也可同时发生，而且常常是同时或相继发生。从一个或几个失效征兆确定设备状态是一个复杂的问题。解决的方法是将问题细分成容易解决的小问题。解决了下面的问题，遇到的问题也就自然解决了：

（a）识别征兆；

（b）征兆何时出现？

（c）如何对其量化？

（d）什么报警界限值能将征兆的发展和零部件所受损坏的发展可靠地联系起来？

（e）是否存在干扰，即其他失效模式也产生与此相同的征兆？

对所有有关失效模式、各种损坏源都解决不了上述问题，常常也就可以找出机器失效模式的根源并着手排除了。油液分析的历史表明，每个油润滑零件表面的磨损金属都可以用来说明与磨损有关的失效模式的出现及其发展。有可靠的监测手段之后，就可建立探测和趋势分析的方法。根据测量值对基线值和趋势的偏离能很容易地确定异常状态或其趋势（图6.29）。

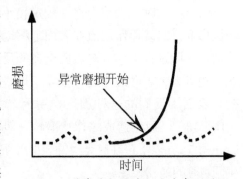

图6.29　异常磨损使磨粒浓度急剧增加

如果能将对磨损金属数据的评价与润滑剂的异常状态表现结合起来，监测的可靠性会大大提高，因为润滑剂的降解或污染常常是异常磨损的首要原因。只用磨损金属分析确定机器的状态而忽略油液状态的分析往往是不可靠的。监测润滑剂失效的前兆（会接着引发机械零件损坏）对零部件使用寿命的最大化和降低机器使用成本十分重要。

磨损模式及其机理的研究成果很多。理解与各种零件损坏模式相关的磨损机理对于从趋势线和统计数据合理确定机器状态的严重性十分有用。

（1）黏着磨损。滑动轴承一类的零部件常用流体动力膜润滑。这些零部件表面形成了一层稳定的金属层，称为切混层。任何由于流体动力油膜破裂而引起的金属和金属接触将使切混层变得不稳定，并引起大颗粒金属剥离。这些颗粒的形状呈扁平片状，表面粗糙，边缘平直或光滑（图6.30），其长厚比通常为10：1，长度在15μm到数百微米之间。黏着磨损颗粒常有回火热处理的颜色特征，说明它们脱离金属表面时曾受到热应力作用。

图6.31为从某蒸汽涡轮发电机上拆除的轴承的表面，此轴承表面大面积损坏是通过铁谱分析发现的。铁谱分析发现油中磨粒数量超出了该机器的界限。轴承表面的严重黏着磨损说明发生故障时润滑不足，大面积巴氏合金因黏着和划伤而脱落。

黏着磨损通常是润滑油降解、乏油或由于被水、燃料或其他溶剂污染而丧失润滑特性而造成的。极端情况下，承载表面会完全损坏，导致零件总体失效。黏着磨损发生在如滑动轴承、直线轴承、套筒轴承、齿轮、活塞及缸套一类的滑动表面。它同样会导致与大颗粒一起产生的正常磨损磨粒的增加。黏着磨损在往复式机械（如内燃机、压缩机、机械压力机、冲压机、滑动轴承）中最为显著。

图6.30　严重黏着磨损磨粒

（2）疲劳磨损。当一受载表面在与之配对的另一表面上滚动时，载荷力将使相对较小的接触区产生轻微形变。当载荷作用点在表面上移动时，形变亦在移动，在此过程中形成对表面金属的反复加工作用。在一些点上，表面最终发生损坏，形成疲劳裂纹。最初，表面因受到的这种加工作用而产生小的金属球（图6.32）。疲劳造成的球状磨粒一般很小，尺寸在$5\mu m$和$5\mu m$以下，并有光滑的表面外观。这是即将发生问题时的最初表现。

当裂纹继续扩展时，较大的剥落磨粒出现（图6.33）。这些颗粒为扁的、形状不规则的薄片，且外表面光滑。剥落磨粒通常比较短粗，长厚比大致为$10:1$，长度范围为15微米至数百微米。

图6.31　因黏着磨损失效的轴承

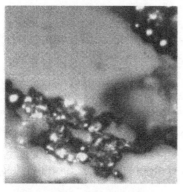

图6.32　球磨粒是疲劳磨损的前兆

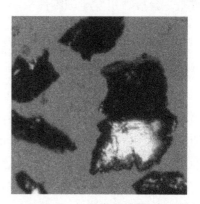

图6.33　疲劳剥落磨粒

疲劳磨损与滚动轴承和齿轮类零部件有关。对于齿轮，疲劳一般发生在啮合轮齿的节线附近，此处轮齿间相互滚动（图6.34）。疲劳磨损也可能发生在周期性压力作用的滑动轴承承载面（图6.35）。注意，产生剥落磨粒时，零件表面会留下小坑（点蚀）。单齿齿面的点蚀面积占到4%时，可认为齿轮已经失效。除了磨损表面的机械加工作用外，承载点处的次表面裂纹和材料缺陷也会引起疲劳磨损。疲劳磨损一旦发生便会持续下去，直至磨损表面全部失效而发生灾难性损坏。

图6.34　齿面疲劳剥落坑

注意：工作速度很高或很低的情况下，疲劳磨损可能只产生大的剥落磨粒，这些大的磨粒不易被原子发射光谱检测到。高速重载情况下，失效发展速度通常很快（数小时）。因此，为了有适当的报警时间，可能要用在线颗粒监测。疲劳磨损最常见的原因为：润滑不当、润滑剂污染和零部件过载。

（3）切削磨损。切削磨损产生的磨粒是长的、卷曲的，如图6.36所示，像车削时产生的切屑。切削磨损通常起因于以下两个截然不同的机理：

（a）零部件断裂或不同轴；

（b）嵌入运动表面的硬质磨粒。

图6.35　轴承巴氏合金疲劳磨损

图6.36　严重切削磨损

二体磨损中的切削磨粒平均为2~5μm宽，25~100μm长。三体切削磨损产生的磨粒较小，其横截面尺寸和"第三体"，即磨粒的大小相当，长度有几个微米。

切削磨损是一种严重磨损形式，若置之不理，一般会导致大的损坏或失效。切削磨损可几乎在任何零件上发生。它会导致大磨粒的产生，通常也使正常磨粒有所增加。若失效时间较短（数小时），可能就需要采用在线磨粒监测。此外，光谱分析对该磨损形式可提供可靠的状态监测。如果需要观察磨粒的表面形貌，应用分析式铁谱。

（4）磨粒磨损和冲蚀磨损。除了切削磨损外，细小的硬质磨粒一般还会增加机器的磨粒磨损和冲蚀磨损。这些磨粒与零件之间摩擦产生的正常磨粒之间几乎难以区分。磨粒磨损和冲蚀磨损产生的磨粒在亚微米尺度到20μm之间，其中较大的可能像切削磨损磨粒，但大多数与正常磨损之磨粒无法区分。磨粒磨损是由硬的、润滑油夹带的细小硬质颗粒，如砂、尘埃或磨损金属等形成的硬质颗粒，进入零部件间的间隙而对其表面造成的破坏。磨粒磨损和冲蚀磨损很少使油润零件产生灾难性失效，但磨损无疑在减少零件寿命。图6.37和图6.38为外来硬质颗粒流经滑动轴承油隙时对轴承和轴表面所造成的损坏。程度较轻时，轴承表面受到损坏。但嵌入轴承表面的颗粒较大时，轴承表面和轴表面都会遭到损坏。对于非常敏感的零部件，如精密液压阀和滚动轴承，粒度接近油隙的硬质颗粒会使其失效。过量的小颗粒磨粒淤积会阻塞油路，导致零件失效。此外，硬质磨粒还会增加其他磨损造成的破坏。

图6.37　油中颗粒造成轴承损坏

图6.38　油中硬质颗粒使轴颈损坏

对所有油润机械，磨粒磨损都很重要；对所有压力循环润滑系统，冲蚀磨损都很重要。引起磨粒磨损和冲蚀磨损最常见的原因为油液污染、密封不良、呼吸过滤器故障或密封盖损坏而使灰尘进入。

（5）滑动磨损。滑动磨损，有时指擦伤磨损，与黏着磨损类似，但引起的原因是过速和（或）过载或油膜强度太弱。这些情况下，运动和静止表面之间的金属与金属接触会使较弱的表面损伤。严重时，切混层在应力点处崩溃，产生大颗粒剥落。当热和应力增加且（或）润滑膜减弱到一定程度，整个摩擦表面的承载区会失效。

滑动磨损颗粒（图6.39）为扁而粗糙的片状，其表面往往是粗糙的，常表现出滑动/擦伤磨损过程的条纹痕。这些颗粒通常有直的或光滑的边缘，长厚比约为10:1，长度可达数百微米。与黏着磨损一样，滑动磨损会导致诸如滑动轴承、套筒轴承、轴瓦、螺旋及齿轮轮齿（节线上、下处）等零件的严重损坏（图6.40）。滑动磨损对使用滑动轴承、活塞（如在往复式发动机和压缩机中）、涡轮、螺杆、斜齿轮和螺旋齿轮等的机器最为重要。

图6.39 带条纹痕的滑动磨损颗粒

图6.40 轴颈轴承巴氏合金表面的滑动磨损损坏

原子发射光谱用于测量往复式设备的滑动磨损非常有效。然而，在高速、重载机械中（如齿轮），如果产生的磨粒粒度为10~20μm，在线传感器或磨粒分析可能会提供最佳的状态指标。在使用滑动轴承且速度极高的机器中，失效发生的时间通常很短（数小时），应考虑使用在线油液磨粒监测。

（6）微动磨损。微动磨损是两个承载摩擦表面间的一种特殊的低幅往复或滑动磨损。它发生在停机期间（无润滑），由外界振动而引起。在工作设备旁的备用或应急设备中，这种磨损最常见。船用或安装在没有减振装置的实心钢或混凝土基础上的发电设备对微动磨损特别敏感。这些情况下，工作机器运转产生的振动会通过安装基础传递给没有运转和润滑系统关闭的机器（图6.41）。无润滑接触表面间的任何相对运动都会产生微动磨损。例如，滚动轴承因为安装太松，时常受到微动磨损损坏。微动磨损常与花键联轴器的不同轴或润滑不良及运转的齿轮和链传动系统的不同轴有关。由于外部传递的振动，微动磨损也可发生于已停机的往复式发动机和压缩机的曲柄轴。微动磨损产生的细小磨粒非常适合于用发射光谱元素分析法分析。

图6.41 曲轴轴承微动损坏

（7）腐蚀磨损。腐蚀是油润滑机器的一个严重问题。腐蚀起因于酸性氧化或润滑油中的燃烧产物和（或）侵入的水。这种形式的磨损损害零部件的表面粗糙度，如图6.42所示轴承表面，还会产生非常细小（次微米）的金属颗粒。

在内燃机中，大部分腐蚀性磨损都归于燃烧产物和侵入的水在油槽中形成酸性副产物。在大型柴油发动机中，因为使用高硫燃料，导致硫酸产物形成，使状况更为严重。在大多数其他类型机器中，腐蚀磨损主要是由换油周期过长和油液降解引起的。此外，润滑油中含一些可导致硫酸副产物形成的硫。当然，生产设备中的腐蚀性工艺流体也是腐蚀磨损的一个原因。

当局部电流通过机器时也可导致腐蚀。这种形式的腐蚀会使磨损表面焊合并形成麻点。点蚀是最具破坏性的腐蚀形式，可导致各种次生磨损形式，如黏着和疲劳磨损。条件适宜时，电化学行为能使金属离开一个摩擦表面，而且有时能使这些金属离子镀在另一个配偶表面上。腐蚀产生非常细小的颗粒或化合物，最好用元素发射光谱测量。

（8）气蚀磨损。气蚀一般发生在润滑剂所挟裹的空气或气泡对着设备内表面以非常高的能量发生爆炸时。如图6.43所示，爆炸产生的能量可高到足以产生疲劳裂纹和表面麻点，特别是在由抗腐蚀、抗磨损和EP添加剂反应而形成的表面膜处。

图6.42　曲轴轴承酸蚀损坏

图6.43　气蚀过程

在压力润滑系统中，当压力下降时，一些油中挟裹的空气会在机器零件表面形成气泡。压力增加时，气泡破裂，朝向零件表面爆炸，使抗锈蚀或抗腐蚀添加剂产生的保护膜遭到破坏，脱离金属表面。气泡不断形成—破裂的同时，保护膜逐渐脱离表面，直至点蚀形成。随着时间延长，点蚀面积不断扩大，最终导致表面失效。

气蚀在叶片端部或给油点处的周期性载荷会造成油压波动的泵和轴承系统中比较常见。图6.44为油膜周期性加载使曲轴轴承表面造成的损坏。这种损坏常常是轴弯曲或油隙不合理引起的。因为周期性的燃油燃烧会造成缸壁振动，并引起邻近的冷却液压力波动，所以气蚀损坏在往复式发动机的油缸中也比较常见。严重时，气缸套发生穿孔，冷却液由此进入发动机和曲轴箱。气蚀可能发生在任何一个油压润滑系统中，而且通常由其他异常事件引起，如泵吸入端泄漏使空气进入。如果气蚀是油液夹带过多空气造成的，就应该能观察到油液泡沫在增多。

图6.44　气蚀损坏

气蚀产生的金属颗粒很小，可以用油液分析监测。油液泡沫过多也说明可能存在气蚀，而且在很多情况下，振动或超声分析可能是更有效的监测方法。气蚀产生的磨损金属最好用元素光谱定量分析。

6.6.4　其他磨损/损坏模式

除了上述磨损机理之外，还有很多其他因素导致零件失效和损坏。

（1）安装、维护和使用不当。零件安装不仔细时，其使用寿命通常会缩短。运输过程中碰撞、跌落或安装时施加的力过大等，会使精密零件，如滚动轴承和齿轮等损坏。剧烈冲击会产生应力场，引发疲劳裂纹，最终在使用过程中造成材料剥落，极大缩短零件的使用寿命。

图6.45所示轴瓦侧边严重磨损。该磨损由安装时留在轴瓦背后的污物引起。污物的存在使轴瓦出现倾斜，一侧油隙减小，导致该侧磨损增加。

图6.46为乏油引起的轴承损坏。润滑油应从轴承座上方进入，流过上轴瓦的油孔进入轴承表面，对其润滑。如果轴瓦装反了，油流就会受阻，不能到达轴瓦表面，形成缺油。注意：失效期间没有油流流过轴承，磨粒也就不会进入油液，状态监测自然也就发挥不了作用。

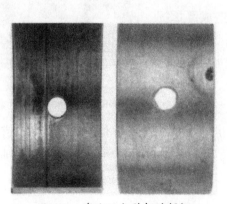

图6.45　清洁不当引起的损坏　　　　图6.46　轴瓦装反引起的损坏

图6.47为一整套发动机曲轴轴承因工作期间曲轴弯曲造成的损坏情况。注意：靠近曲轴端部的轴瓦几乎没有损坏。相反，愈靠近中间位置的轴瓦，损坏程度愈大。该发动机曲轴可能因不合理存储、搬运或安装，在运行前已发生弯曲。

（2）油隙太小。靠流体动力润滑的滑动轴承必须要有与轴速和油液黏度相对应的正确油隙。油隙太小时，没有足够的空间建立可靠的流体动力膜。由此导致的轴承表面大面积金属与金属接触将极大地缩短轴承的使用寿命。图6.48为3对汽车发动机轴承的上、下轴瓦。下轴瓦上的巴氏合金涂层已完全被磨去，露出了铜粘结层。上轴瓦部分磨损，约60%巴氏合金层被抹去。

图6.47　曲轴受弯引起轴承损坏

（3）电磁场。钢制转动零件在制造或维护过程中可能会被磁化，导致在邻近的金属零件、导体或结构中产生电流。严重情况下，电流会大到引起放电或电解问题。

（4）电蚀损坏。轴承损坏可由高电压或大电流在轴承游隙间放电引起，放电过程中电流从轴流经轴承，到达轴承座或外壳。放电电流会在滚动轴承滚子和滚圈以及滑动轴承轴颈和轴瓦表面留下小麻坑。这些小麻坑一般会成为疲劳裂纹的发源地，引起剥落磨损和其他异常磨损。

持续的大电流会对轴承和其他零件造成严重损坏。图6.49为不合理的焊接接线方式对滚动轴承造成损坏的例子。该例中，电焊机的接地电缆搭接在机器上，焊接时有大电流流过轴和轴承。

图6.48　油隙太小引起的损坏

（5）不对中和端隙。精密零部件，如轴承、涡轮机叶片和压缩机叶轮在轴不对中或弯曲时，会受到来自壳体内壁的冲击，遭受严重损坏。轴端间隙过大时也会发生此故障。图6.50所示为某涡轮增压机叶轮因轴端间隙不当而损坏。这种损坏通常都是因为推力轴承磨损后使轴端间隙过大引起的。

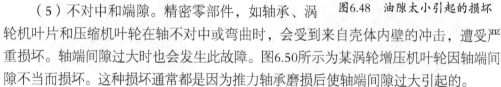

图6.49　大电流在轴承圈产生电蚀坑　　　　图6.50　轴承磨损后轴端游隙减少引起叶轮转子的损坏

非专门承受轴向推力的滚动轴承承受不起很高的轴向载荷。图6.51为大推力作用于径向滚动轴承装置时发生的此类损坏。该轴承最终从垂直式冷凝泵的电机上被拆除。

（6）过热。工作在OEM推荐的油温时，设备就能具有合理的油液和零件寿命。油温过高会导致油液黏度降低、流体动力润滑失效，最终使轴承滚子和滚圈表面直接接触。局部高温会使润滑油燃烧，引起积炭和油漆聚集。摩擦热产生的回火作用会使钢制轴承零件变色。

图6.51　大推力引起的径向轴承损坏

在滑动轴承中，高温会使承载处的有效油隙减少，导致轴承和轴颈表面碰撞而产生严重磨损。金属与金属不断地接触使轴和轴承表面磨损，向油液中释放磨粒。极端情况下，巴氏合金层会软化，从轴承表面被抹去。严重时产生的摩擦热可从表面变色、擦伤、刮伤和点蚀得以证实，如图6.52所示。图6.52情况中，摩擦热已经使轴承和曲柄轴完全失效。图6.53所示铝合金曲轴轴承因润滑油系统失效而遭受了极大的摩擦热。摩擦热已使轴瓦部分熔化。乏油会引起黏着过热的极端情况。

总之，了解各种常见机器零部件和润滑剂的失效模式对于状态监测项目的成功建立和运行很有必要。零部件的失效常常是一系列事件的结果，通过对前期预兆的识别和诊断可以避免。

图6.52　严重滑动磨损使曲轴轴颈损坏

很多零部件失效是润滑问题引起的，如污染或降解降低了润滑或冷却的可靠性。也有很多失效是因为零部件储存、运输、处理和安装不当等引起的。研究损坏及其征兆的类型可以为取样及试验方法的建立提供所需的信息，在失效来临之前予以阻止。达到这一目标就可以使机器状态监测的效益最大。

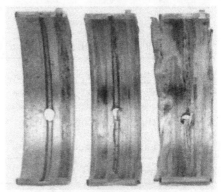

图6.53　严重摩擦热使铝合金轴曲轴承损坏

主要英文名缩写中、英文含义对照

英文名缩写	含义	
	英文	中文
ACFTD	air cleaner fine test dust	空气滤清器精细试验粉尘
AE	atomic emission	原子发射filter
AGMA	American Gear Manufacturer's Association	美国齿轮制造商协会
AN	Acid number	酸值
API	American Petroleum Institute Service System	美国石油协会发动机润滑油分类法
ASTM	American Society for Testing and Materials	美国材料与试验协会
AW	anti-wear	抗磨
BN	base number	碱值
BNSF	The Burlington Northern and Santa Fe	（美）北伯林顿铁路公司
CAF	Canadian air force	加拿大空军
CBM	condition based maintenance	视情维修
CCS	cold cranking simulator	冷启动模拟机
CMMS	computerized maintenance management system	计算机化维修管理系统
CNR	Canadian national railway	加拿大国家铁路公司
CPRS	Canadian pacific rail system	加拿大太平洋铁路公司
EHC	electro-hydraulic control	电液控制
EP	extreme pressure	极压
FDA	filter debris analysis	过滤器碎片分析
FMECA	failure mode, effects and criticality analysis	失效模式、其影响和危害性分析
FT-IR	Fourier transform infrared	傅立叶变换红外
STM	Federal test method	美（国）联邦试验法
ECMS	engine condition monitoring system	发动机状态监测系统
ICB	ion charge bonding	离子电荷键合
ICP	inductively coupled plasma	电感耦合等离子体
ILSAC	International lubricants standardization and approval committee	国际润滑剂标准化和认证委员会
ISO	International Standardization Organization	国际标准化组织
JOAP	Joint oil analysis program	（美国军方）联合油液分析机构
MDS	maintenance data system	维修数据系统

续上表

英文名缩写	含义	
	英文	中文
MTBF	Mean time between failure	相邻故障间平均时间
MTD	medium test dust	中级试验粉尘
N/A	not applicable	不可用/不适用
NDI	nondestructive inspection	无损检测
NLGI	National Lubricating Grease Institute	（美）全国润滑脂协会
NN	neutralization number	中和值
OEM	original equipment manufacturer	设备原制造商
PAGs	polyalkylene glycols	聚(亚烷基)二醇
PAOs	polyalpha olefins	聚 α−烯烃
PM	preventive maintenance	预防性维护
PTFE	polytetrafluoroethylene	聚四氟乙烯
QA	quality assurance	质量保证
QC	quality control	质量控制
RBOT	rotary bomb oxidation test	旋转氧弹试验
RCM	reliability centered maintenance	以可靠性为中心的维修
RDE	rotary disk electrode	转盘电极
R&O	rust and oxidation	防锈抗氧化
RPVOT	rotating pressure vessel oxidation test	旋转压力氧弹试验法
SAE	Society of Automotive Engineers	（美）汽车工程师学会
TAN	total acid number	总酸值
TBN	total base number	总碱值
TBR	Tannas basic rotary（viscometer）	Tannas基本旋转式（黏度计）
TBO	time between overhaul	大修时间
TBS	tapered bearing simulator（viscometer）	圆锥滚子轴承模拟（黏度计）
TSC	technical support center	技术支持中心
USAF	the united states air force	美国空军
VI	viscous index	黏度指数
VII	viscous index improver	黏度指数改进剂
XRF	X−ray fluorescence	X射线荧光
ZDDP	zinc diaryl（dialkyl）dithiophosphates	二烷基二硫代磷酸锌

参考文献

[1] H Peter Jost. 在润滑管理和润滑技术领域中涉及摩擦学的经济和环境方面的一些看法 [J]. 润滑与密封, 2006 (9): 1-7.

[2] Leslie R. Rudnick. 润滑剂添加剂化学与应用 [M]. 北京: 中国石化出版社, 2006.

[3] Sacott R, Fitch J, Leugner L. The Practical Handbook of Machinery lubrication [M], 4th ed. Noria Corporation, 2012.

[4] 朱廷斌. 润滑脂技术大全 [M]. 北京: 中国石化出版社, 2015.

[5] 黄文轩. 润滑剂添加剂性质及应用 [M]. 北京: 中国石化出版社, 2012.

[6] Errichello R. 齿轮的润滑 (第2部分) [J]. 润滑与密封, 1990 (6): 56-62.

[7] Nlgi. NLGI Lubricating Grease Guide [M]. 4th ed. (US) National Lubricating Institute, 1996.

[8] 杜红世, 孟永钢, 温诗铸. 脂润滑轴承静置状态下漏油机理及对策 [J]. 润滑与密封, 1999 (2): 33-35.

[9] NSK Coporation. Bearing Replacement Guide [M]. Canada: Brighthouse Publishing, 2003.

[10] 毛美娟, 朱子新, 王峰. 机械装备油液监控技术与应用 [M]. 北京: 国防工业出版社, 2006.

[11] 熊会思. 新型干法水泥厂设备润滑手册 [M]. 北京: 化学工业出版社, 2013.

[12] 杨其明. 油液监测分析现场实用技术 [M]. 北京: 机械工业出版社, 2006.

[13] 汪德涛, 林亨耀. 设备润滑手册 [M]. 北京: 机械工业出版社, 2009.

[14] 颜志光. 润滑剂性能测试技术手册 [M]. 北京: 中国石化出版社, 2000.

[15] Soul D M. The FZG Rig for evaluating industrial lubricants [J]. Lubrication Engineering, 1975, 31: 254-260.

[16] Johansson J E, Devlin M T, Prakash B. Lubricant additives for improved pitting performance through a reduction of thin-film friction [J]. Tribology International, 2014, 80: 122-130.

[17] Lansdown A R. Consumption and conservation of lubricants [J]. Tribology Series, 1983, 8: 267-274.

[18] Heide E, Huis A J, Schipper D J. The effect of lubricant selection on galling in a model wear test [J]. Wear, 2001, 251 (1-12): 973-979.

[19] 郑发正, 谢凤. 润滑剂性质及应用 [M]. 北京: 中国石化出版社, 2006.

[20] 张鄂. 铁谱技术及其工业应用 [M]. 西安: 西安交通大学出版社, 2001.

[21] 李浩, 邱超凡. FMECA方法在液压系统可靠性分析中的应用 [J]. 液压气动与密封,

2012（1）：38-42.

[22]彭朝林，谢小鹏，陈祯. 润滑因素与滚动轴承失效的关系研究［J］. 润滑与密封，2015，40（8）：26-31.

[23]Wakiru, James M, et al. A review on lubricant condition monitoring information analysis for maintenance decision support［J］. Mechanical Systems and Signal Processing, 2019, 118: 108-132.

[24]Igartua, Amaya. Editorial: Lubmat 2012 - Lubrication, maintenance and tribotechnology［J］. Lubrication Science, 2014, 26（7-8）: 447-448.

[25]Sinha Yashwant, Steel John A, Andrawus Jesse A. Significance of effective lubrication in mitigating system failures - A wind turbine gearbox case study［J］. Wind Engineering, 2014, 38（4）: 441-450.

[26]Cheekala Nageswara R, Rohrbach Ronald, Unger Peter. Soot removal from diesel engine lubrication systems［J］. SAE International Journal of Fuels and Lubricants, 2010, 3（2）: 559-568.

[27]Mistry Rajendra, Maynus Ryan. Crucial for rotating machines: types and properties of lubricants and proper lubrication methods［J］. IEEE Industry Applications Magazine, 2016, 22（6）, : 10-18.

[28]贺石中；闫辉；曾安. 重大机电设备润滑磨损故障诊断判据的研究［J］. 润滑与密封，2006（7）：115-119.

[29]Canty Thomas M. In-line monitoring of particulate, color, and water content in lubricating oils to facilitate predictive maintenance, reduce wear, and provide real time alarming［J］. Journal of ASTM International, 2011, 8（10）: 55-61.

[30]Carazas F G, Souza G F M. Risk-based decision making method for maintenance policy selection of thermal power plant equipment［J］. Energy, 2010, 35（2）: 964-975.

[31]Zhu Junda, et al. Online particle-contaminated lubrication oil condition monitoring and remaining useful life prediction for wind turbines［J］. Wind Energy, 2015, 18（6）: 1131-1149.

[32]尚丽影，仲光霞. 油液监测技术在炼钢设备润滑管理上的应用［J］. 润滑与密封，2011，36（4）：119-124.

[33]李菲菲，王党辉，刘书进，等. 润滑系统中过滤装置对润滑油性能影响的实验研究［J］. 润滑与密封，2011，36（9）：103-106.

[34]朱旬，秦建秋，郑建荣，等. 润滑方式对低速重载齿轮磨损性能的影响［J］. 润滑与密封，1997（1）：12-17.

[35]Mehta Parikshit, Werner Andrew, Mears Laine. Condition based maintenance-systems integration and intelligence using Bayesian classification and sensor fusion［J］. Journal of Intelligent Manufacturing, 2015, 26（2）: 331-346.

[36] 杨金好, 徐鸣鹤. 林肯油脂润滑系统在冶金设备中的应用与管理 [J]. 润滑与密封, 2005 (3): 164-166.

[37] Yang Wenxian, Court Richard. Experimental study on the optimum time for conducting bearing maintenance [J]. Journal of the International Measurement Confederation, 2013, 46 (8): 2781-2791.

[38] Wong C. S, Chan F T S, Chung S H. A joint production scheduling approach considering multiple resources and preventive maintenance tasks [J]. International Journal of Production Research, 2013, 51 (3): 883-89.

[39] Gohl Marcus, et al. Influence of the mixture formation on the lubrication oil emission of combustion engines [J]. SAE International Journal of Fuels and Lubricants, 2010, 3 (1): 733-744.

[40] Humphrey Brian. A revolution in heavy duty engine: How the new engine oils can help lower maintenance costs [J]. Canadian Mining Journal, 2017, 138 (5): 26-28.

[41] Sanjay Tyagi, et al. Condition based diagnostic techniques for predictive maintenance − A key of success to paper industry [J]. IPPTA: Quarterly Journal of Indian Pulp and Paper Technical Association, 2014, 26 (3): 34-39.

[42] Montgomery Neil, Banjevic Dragan, Jardine Andrew K S. Minor maintenance actions and their impact on diagnostic and prognostic CBM models [J]. Journal of Intelligent Manufacturing, 2012, 23 (2): 303-311.

[43] Kumar Sanjeev, Kumar Manoj. Assessing remaining useful life of lubricant using Fourier transform infrared spectroscopy [J]. Journal of Quality in Maintenance Engineering, 2016, 22 (2): 202-214.

[44] Tormos B, et al. Monitoring and analysing oil condition to generate maintenance savings: A case study in a CNG engine powered urban transport fleet [J]. Insight: Non-Destructive Testing and Condition Monitoring, 2013, 55 (2): 84-87.

[45] Salgueiro José Miguel, et al. On-line detection of incipient trend changes in lubricant parameters [J]. Industrial Lubrication and Tribology, 2015, 5167 (6): 509-519.

[46] Du Li, Zhe Jiang. On-line wear debris detection in lubricating oil for condition based health monitoring of rotary machinery [J]. Recent Patents on Electrical Engineering, 2011, 4 (1): 1-9.

[47] Honda Tomomi, Sasaki Akira. Development of a turbine oil contamination diagnosis method using colorimetric analysis of membrane patches [J]. Journal of Advanced Mechanical Design, Systems and Manufacturing, 2018, 12 (4): 60-68.

[48] Yanchun Xia, Yafei He, Hua Huo. Oil analysis and application based on multi-characteristic integration [J]. Industrial Lubrication and Tribology, 2010, 62 (5):

298-303.

[49] Berg Sven, et al. Investigation of the measurement precision of oil analysis instruments, using fully formulated oils. Part 1: Spectroscopic instruments [J]. Industrial Lubrication and Tribology, 2011, 63(6): 404-411.

[50] Aoyama Hideo, et al. A Study of the Colors of Contamination in Used Oils [J]. Tribology Transactions, 2013, 57(1): 1-10.

[51] Kumar Manoj, Mukherjee Parboti Shankar, Misra Nirendra Mohan. Advancement and current status of wear debris analysis for machine condition monitoring: A review [J]. Industrial Lubrication and Tribology, 2013, 65(1): 3-11.

[52] Salgueiro B José, et al. On-line oil monitoring and diagnosis [J]. Journal of Mechanical Engineering, 2013, 59(10): 604-612.

[53] 王明江, 李云鹏, 段庆华. 开式齿轮的合理润滑 [J]. 润滑与密封, 2006(4): 193-195.

[54] 水琳, 等. 开式齿轮机械的传动与润滑 [J]. 中国建材装备, 2001(6): 42-44.

[55] 张剑慈, 黄海林, 肖明坤. 设备润滑系统的改进 [J]. 润滑与密封, 2002(1): 61-62, 65.

[56] 丛林, 王红岩, 钟康民. 滚动轴承润滑方式的分类与选择 [J]. 润滑与密封, 1999 (4): 68-70.

[57] 陈庆荣. 连铸设备干油润滑系统存在的问题与改进 [J]. 润滑与密封, 1995(4): 48-49.

[58] 赵靖一. 论设备润滑技术管理与应用 [J]. 润滑与密封, 2006(10): 206-207.

[59] 林济猷, 阎杏町. 矿山机械与设备用油 [M]. 北京: 中国石化出版社, 1995.